唯寻国际教育丛书

国际课程化学核心词汇
Chemistry

唯寻国际教育 组编 ◎ 田晓捷 编著

机械工业出版社
CHINA MACHINE PRESS

本书精选国际教育化学学科的核心词汇，按照通用词汇和高频专业词汇两个部分进行讲解，涵盖 GCSE、A-Level、IB-MYP、IBDP 和美高等国际课程。第一部分通用词汇，涵盖近十年的考试真题中高频出现的词汇，采用字母顺序排列，单词配备词频、同义词、用法、例句和漫画等，以帮助学生熟练掌握并运用此部分词汇；第二部分高频专业词汇，是课程学习阶段的专业词汇，词汇编排与教材中的顺序保持一致，按照主题进行分类，配备释义、翻译、同义词、拓展词汇和图片等，帮助学生准确理解学科专业词汇，并建立用英语学习的习惯。本书采用便携开本，并配有标准英音朗读音频，愿本书能够成为学生学习化学的好帮手。

图书在版编目（CIP）数据

国际课程化学核心词汇 / 田晓捷编著 . -- 北京：机械工业出版社，2020.7（2025.1 重印）

ISBN 978-7-111-66048-4

Ⅰ.①国… Ⅱ.①田… Ⅲ.①化学—词汇 Ⅳ.① O6-61

中国版本图书馆 CIP 数据核字 (2020) 第 120935 号

机械工业出版社（北京市百万庄大街 22 号 邮政编码 100037）
策划编辑：孙铁军　　　责任编辑：孙铁军
责任印制：单爱军
保定市中画美凯印刷有限公司印刷

2025 年 1 月第 1 版第 6 次印刷
105mm × 175mm · 8.75 印张 · 1 插页 · 389 千字
标准书号：ISBN 978-7-111-66048-4
定价：45.00 元

凡购本书，如有缺页、倒页、脱页，由本社发行部调换

电话服务　　　　　　　　　　　　网络服务
服务咨询热线：010-88361066　　机 工 官 网：www.cmpbook.com
读者购书热线：010-68326294　　机 工 官 博：weibo.com/cmp1952
　　　　　　　010-88379203　　金 书 网：www.golden-book.com
封面无防伪标均为盗版　　　　教育服务网：www.cmpedu.com

唯寻国际教育丛书编委会

总 策 划 吴 昊 潘田翰

执行策划 蔡芷桐 李晟月

特约编辑 刘 桐 张 瑞

编   委 芮文珍 陈 啸 袁 方

田晓捷 袁心莹 贾茹媛

陈博林 居佳星

推荐序
FOREWORD

2007 年，我前往英国就读当地一所国际学校，开始学习 A-Level 课程，亲身经历了从高考体系到国际课程的转变。如果问我最大的挑战是什么，一定是使用英文来学习学术课程本身，因为不仅要适应用英文阅读、理解和回答问题，还要适应西方人不同的思维习惯和答题方式。我印象最深的就是经济这门课，每节课都有非常多的阅读，大量生词查找已经非常麻烦，定义和理论也是英文的，更别说用英文来学习英文时还会碰到意思不理解的困难了。现在回过头去翻我的经济课本还可以看到密密麻麻的批注——专业词汇量不足和词义的不理解让我在之后长达一年的学习中备受折磨。

这段学习经历也成为了我们作为国际课程亲身经历者想要制作一套专业词汇书的初衷。如果有一套书能够帮助学生按照主题和难度整理好需要的专业词汇，再辅以中英文的说明，帮助学生达到本土学生的理解水平，将大大缩短学生需要适应的时间，学生也可以更加专注在知识积累本身，而不是分心在语言理解上。

唯寻汇聚了一批最优秀的老师，他们是国际课程的亲历者，也是国内最早一批国际教育的从业者。多年来，他们积累了大量的教学经验，深谙教学知识和考试技巧。除了专业的国际课程之外，我们将陆续推出"唯寻国际教育丛书"，帮助广大的国际课程学子。这套词汇书是系列教辅书的第一套，专业词汇的部分老师们按照知识内容和出现顺序进行了编排，并遴选了核心词汇和理解有困难的词汇，再反复揣摩编排逻辑，以帮助学生更好地学习、记忆和查找。

预祝进入国际课程学习的同学们顺利迈过转轨的第一道坎，实现留学梦想！

唯寻国际教育

创始人 & 总经理

吴昊

2020 年 7 月

前言
PREFACE

目前留学的低龄化趋势已经非常明显，越来越多的学生在初一或者更早就开始接触国际课程。很多学生在刚开始学习的过程当中遇到了诸多困难，例如全英语的课本无法看懂，学科专业词汇查询不到准确的释义，知识点理解上存在偏差，最终导致了成绩的不理想。所以我们决定出版一套学科词汇工具书，帮助同学们更好地衔接国际课程，在减轻学习负担的同时，提高学习效率。

这套工具书涵盖了 GCSE、A-Level、IB-MYP、IBDP和美高等国际课程的通用词汇，以及化学学科的专业词汇，适用于多个年级的学生，同学们可以根据自己的年级以及学习的章节快速定位并找到自己所要掌握的单词。

本书的构成

本书分为两个部分：通用词汇和高频专业词汇。每个单词按照英式英语标注拼写和读法，单词的释义按照与考试真题和教材的相关性排序。

第一部分是通用词汇，均是近十年的考试真题中高频出现的词汇，采用字母顺序排列。我们为每个单词配备用法，为第一个单词释义配备例句，并为部分单词配备有助于理解的同义词和漫画。通过学习和记忆这些通用词汇，同学们在做考试题目的时候能更加顺畅地理解题意。具体设置如下：

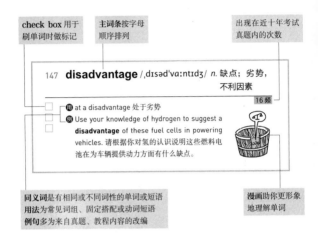

check box 用于刷单词时做标记

主词条按字母顺序排列

出现在近十年考试真题内的次数

147 **disadvantage** /ˌdɪsədˈvɑːntɪdʒ/ *n.* 缺点；劣势，不利因素

16 频

用 at a disadvantage 处于劣势
例 Use your knowledge of hydrogen to suggest a **disadvantage** of these fuel cells in powering vehicles. 请根据你对氢的认识说明这些燃料电池在为车辆提供动力方面有什么缺点。

同义词是有相同或不同词性的单词或短语
用法为常见词组、固定搭配或动词短语
例句多为来自真题、教程内容的改编

漫画助你更形象地理解单词

第二部分是高频专业词汇，按照教材的章节做了分类，单词的顺序和教材中出现的顺序保持一致。每个单词都配备释义和详细的翻译，为部分单词配备同义词和拓展词汇；拓展词汇可能是同根词，也可能是与本词条相关的词汇。此外，部分单词还额外配备了图片，希望以这种图文结合的方式让同学们更加生动有趣地记忆单词。另外，我们为词组类主词条中复杂、不易读的单词添加了音标，不同词组中相同的单词只就近标注一次音标。具体设置如下：

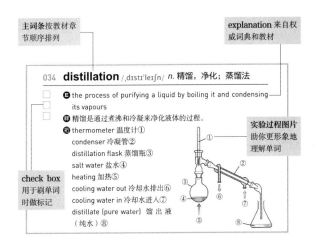

主词条按教材章节顺序排列

explanation 来自权威词典和教材

034 distillation /ˌdɪstɪˈleɪʃn/ *n.* 精馏，净化；蒸馏法

E the process of purifying a liquid by boiling it and condensing its vapours

释 精馏是通过煮沸和冷凝来净化液体的过程。

拓 thermometer 温度计①
condenser 冷凝管②
distillation flask 蒸馏瓶③
salt water 盐水④
heating 加热⑤
cooling water out 冷却水排出⑥
cooling water in 冷却水进入⑦
distillate [pure water] 馏出液（纯水）⑧

实验过程图片
助你更形象地理解单词

check box
用于刷单词时做标记

本书的使用

通用词汇——刚接触国际课程，想要预习的同学，可以先学习通用词汇，建议这部分刷三遍。在单词的左侧有三个 check box，刷第一遍的时候在已经掌握的单词的第一个 check box 打勾，刷第二遍时就不用再看已经打勾的单词，以此类推。也可以在不太熟悉的单词的 check box 里做一个标记，之后再重点复习。掌握了第一部分词汇，同学们不仅可以扩充词汇量，而且不用再担心考试的时候因为不认识基础词汇而看不懂题目了。然后就可以开始学习高频专业词汇。

高频专业词汇——GCSE、IB-MYP 的学生可以直接学习第二部分第一章 8~10 年级高频专业词汇。A-Level、IBDP 以及美高的高年级学生也能够有效利用本书，本书精选了 A-Level 和美高所需要掌握的单词，并且对 IBDP 化学涉及的单词也做出了标注。另外，有些 A-Level 学生之前没有接触过 GCSE 课程，直接从体制内转入国际课程，虽然学科功底扎实，但是中英文的转化是一个比较棘手的问题。这部分学生可以先浏览 GCSE 部分再看 A-Level 部分。因此高年级的同学们不但可以查找自己所在年级要掌握的单词，还可以看看 GCSE 中有哪些单词是没掌握的，做到查漏补缺。

高频专业词汇完全涵盖课堂上学习所需要的单词，课下复习起来也非常方便，可以直接按目录翻找相应的章节和单词，也可以利用附录一的高频专业词汇索引（用字母顺序排列）进行反查，大大节省了时间，并且不需要额外使用电子产品，有利于为大家提供一个更加安静的学习氛围。

另外，全书的单词均配有标准英音朗读的音频，同学们可以扫描封面或各节的二维码进行收听和跟读，如下图：

二维码内提供本节音频，方便随时收听

A

扫一扫
听本节音频

001 **abbreviation** /əˌbriːviˈeɪʃn/ *n.* 缩写，缩略语

5 频

☐ 🔵 the abbreviation of/for sth. ……的缩写

☐ 🔵 pH is a French **abbreviation** to describe the hydrogen ion concentration of a solution. pH 是法语缩写，用于描述溶液中氢离子的浓度。

在学习过程中，如果可以把单词这一关过了，那之后学习可以轻松很多，尤其是化学，和国内的化学不同，国际课程的考试有大量的理论分析，因此专业词汇的熟练掌握是必不可少的。希望这本工具书可以伴随同学们的学习时光，为你们带来方便，也希望同学们努力学习，相信天道酬勤。

编者

田晓捷

2020 年 7 月

目录
CONTENTS

第一部分

通用词汇 A to Z

A

扫一扫
听本节音频

001 abbreviation /əˌbriːviˈeɪʃn/ *n.* 缩写，缩略语

5频

- ⊞ the abbreviation of/for sth. ……的缩写
- 例 pH is a French **abbreviation** to describe the hydrogen ion concentration of a solution. pH 是法语缩写，用于描述溶液中氢离子的浓度。

002 absence /ˈæbsəns/ *n.* 缺乏，不存在；缺席

18频

- ⊞ absence from work 工作缺勤
- 例 If ammonium cyanate is heated in the **absence** of air, the only product of the reaction is urea, $CO(NH_2)_2$. 在没有空气的情况下加热氰酸铵，该反应的唯一产物为尿素 $CO(NH_2)_2$。

003 absorb /əbˈzɔːb/ *vt.* 吸收（液体、光、热等）；理解，掌握

18频

- ⊞ absorb heat 吸热
- 例 The water will slowly **absorb** oxygen and other gases from the atmosphere. 水会慢慢地从大气中吸收氧气和其他气体。

004 accept /əkˈsept/ *v.* 接受；相信（某事属实）

16频

- ⊞ accept one's apology 接受道歉
- 例 Ammonium ions are basic because they can **accept** H+ ions. 铵离子是碱性的，因为它可以接受氢离子。

005 accuracy /ˈækjərəsi/ *n.* 准确（性），精确（程度）

49频

- ⊞ speed accuracy 速精度
- 例 Suggest two ways to improve the **accuracy** of the results of these experiments. 请举出两种提高这些实验结果准确性的方法。

006 accurate /ˈækjərət/ *adj.* 精确的，准确的

303频

用 accurate description 精确的描述

例 Assume that the balance is **accurate** to two decimal places and that common laboratory apparatus is available. 假设天平精确到百分位，且实验室常用仪器可用。

007 achieve /əˈtʃiːv/ *v.* 取得，达到（某目标、地位、标准）；成功

7频

用 achieve success 取得成功

例 Suggest which part of the experimental procedure would make it difficult to **achieve** accurate results. 请指出该实验步骤中哪一部分会导致实验难以取得准确结果。

008 active /ˈæktɪv/ *adj.* 活性的；起作用的；积极的
　　　　　　　　　　　n. （语法中的）主动语态

17频

用 active carbon 活性碳

例 A sun protection cream contains ester as its **active** ingredient. 防晒霜含有作为活性成分的酯类化合物。

009 additional /əˈdɪʃənl/ *adj.* 附加的，额外的

438频

用 additional materials 附加材料

例 The Institute consists of five scientific departments and **additional** research groups. 该研究所由五个科学部门和附加的研究小组组成。

010 additive /ˈædətɪv/ *n.* 添加剂，添加物

5频

用 additive-free 不含添加剂的

例 Food **additives** are substances added to food to preserve the flavour or to improve its taste and appearance. 食品添加剂是为保持或改善食品色、香、味而添加到食品中的物质。

011 **adequate** /ˈædɪkwət/ adj. 充分的；合格的；合乎需要的

☐ ㉲ adequate supply 充足的供应 `1频`
☐ ㉴ Invert tube at least 8 times to ensure **adequate** mixing. 将试管
  倒置 8 次，以确保充分混合。

012 **adhesive** /ədˈhiːsɪv/ n. 黏合剂
adj. 黏合的；有附着力的

☐ ㉲ strong adhesive 强力胶 `5频`
☐ ㉴ Proper selection of flexible packaging **adhesives** challenges
  the industry. 选择恰当的软包装胶粘剂对整个行业而言是一种
  挑战。

013 **adjacent** /əˈdʒeɪsnt/ adj. 相邻的

☐ ㉲ be adjacent to sth. 与……相邻 `15频`
☐ ㉴ Which types of intermolecular forces can exist between
  adjacent urea molecules? 哪些类型的分子间力可以存在于相
  邻的尿素分子之间？

014 **adjust** /əˈdʒʌst/ v. 调节，调整；适应

☐ ㉲ adjust the volume 调节音量 `1频`
☐ ㉴ **Adjust** the temperature of about 500ml of
  distilled water to 25℃. 将约 500 毫升蒸馏
  水的温度调节至 25℃。

015 **adsorb** /ədˈzɔːb/ vt. 吸附（液体、气体等）

☐ ㉲ adsorb carbon dioxide 吸附二氧化碳 `3频`
☐ ㉴ The unwanted material is **adsorbed** onto the surface of the
  precipitate. 不需要的物质被吸附到沉淀物的表面。

016 **advance** /əd'vɑːns/ *n.* 进展；预付款
　　　　　　　　　　adj. 预先的

2 频

- ⊕ in advance 提前
- ⊚ Hydrogen fuel cells have been suggested as the next major **advance** in electrically powered vehicles. 氢燃料电池被认为是电动汽车领域的下一重大进展。

017 **advantage** /əd'vɑːntɪdʒ/ *n.* 优点；优势，有利因素
　　　　　　　　　　v. 有利于；获利

20 频

- ⊕ have an advantage over sb. 比某人有优势
- ⊚ State and explain one **advantage** and one disadvantage of using a higher temperature. 请指出并解释使用较高温度的一个优点和一个缺点。

018 **advise** /əd'vaɪz/ *v.* 建议；提供咨询；通知

7 频

- ⊕ advise sb. against sth. 建议某人不要做某事
- ⊚ People are **advised** to eat less than 6.00g of salt (sodium chloride) per day for health reasons. 为了健康，建议人们每天食用的盐（氯化钠）少于 6 克。

019 **affect** /ə'fekt/ *vt.* 影响；使感染（疾病）；（感情上）深深打动

14 频

- ⊕ be affected by sth. 被某事影响
- ⊚ Changing the temperature **affects** both the rate of decomposition of HBr and the percentage that decomposes. 改变温度会影响氢溴酸的分解速率和分解百分比。

020 **align** /ə'laɪn/ *v.* 排整齐；使成一条直线；使一致

1 频

- ⊕ align A with B 使 A 和 B 排列整齐
- ⊚ These interactions **align** the molecules to increase the attraction. 这些相互作用使分子排列整齐，增加引力。

021   **alter** /ˈɔːltə(r)/ *v.* 改变，修改

1 频

- 搭 alter the method 改变方法
- 例 Chemical polishing **alter** a metal's surface through one or more chemical solutions. 化学抛光通过一种或多种化学溶液改变金属的表面。

022   **amends** /əˈmendz/ *n.* 赔罪，赔偿

271 频

- 搭 make amends to sb. for sth. 因某事向某人赔罪
- 例 Nasdaq tries to make **amends** for Facebook problems this Wednesday. 纳斯达克想在本周三就 Facebook 问题进行赔罪。

023   **amount** /əˈmaʊnt/ *n.* 总量，总额
                          vi. 合计，共计

288 频

- 搭 a large amount of... 大量……
- 例 The **amount** of liquid fuel put into the spirit burner would need to be controlled. 需要控制放入酒精灯的液体燃料总量。

024   **analysis** /əˈnæləsɪs/ *n.* 分析

442 频

- 搭 qualitative/quantitative analysis 定性 / 定量分析
- 例 Titration is a method of quantitative **analysis** using solutions. 滴定是一种利用溶液进行定量分析的方法。

025   **analytical** /ˌænəˈlɪtɪkl/ *adj.* 分析的

14 频

- 搭 a clear analytical mind 头脑清晰，善于分析
- 例 A range of modern **analytical** techniques has made the identification of molecules much more rapid than traditional laboratory analysis. 一系列现代分析技术使得分子的鉴定比传统的实验室分析快得多。

026 **angle** /'æŋgl/ *n.* 角；角度，观点

v. 斜置

110 频

- 用 the angle of rotation 旋转角度
- 例 In which hydride is the H-X-H bond **angle** the smallest? 以下哪种氢化物中的 H-X-H 键角最小？

027 **anomalous** /ə'nɒmələs/ *adj.* 异常的，反常的

46 频

- 用 anomalous property 异常性质
- 例 Circle the most **anomalous** point on the graph. 圈出图表中最异常的点。

028 **apparatus** /ˌæpə'reɪtəs/ *n.* 仪器；机构；器官

154 频

- 用 laboratory apparatus 实验室仪器
- 例 A fully automatic **apparatus** is needed for this chemical reaction. 该化学反应需要一个全自动的仪器。

029 **appear** /ə'pɪə(r)/ *vi.* 出现，呈现；似乎

7 频

- 同 arise
- 用 appear to be... 看起来似乎……
- 例 A brown vapour **appears** in one of the test tubes. 其中一个试管中出现了一种棕色的蒸气。

030 **approach** /ə'prəʊtʃ/ *v.* （在数额、水平或质量上）接近；

n. 方式，态度

7 频

- 用 approach ideal behaviour 接近理想状态
- 例 Non-ideal gases **approach** ideal behaviour at a high temperature and low pressure. 非理想气体在高温低压下可以接近理想状态。

031 **appropriate** /ə'prəʊpriət/ *adj.* 合适的

/ə'prəʊpreɪt/ *vt.* 挪用，侵吞

761 频

- 用 be appropriate for/to sth. 适合某事
- 例 Use of the *Data Booklet* may be **appropriate** for some questions. 对于某些问题，可以使用《数据手册》。

032 **arise** /əˈraɪz/ vi. 产生，发生；出现

4频

- ⓢ appear
- ⓟ arise out of/from sth. 产生于……
- ⓔ Fumes **arise** from the heating of solids such as lead. 烟是在加热诸如铅这样的固体的过程中产生的。

033 **arrangement** /əˈreɪndʒmənt/ n. 排列；安排；约定

3频

- ⓟ three-dimensional arrangement 三维排列
- ⓔ The regular **arrangement** of the atoms gives diamond a crystalline structure. 原子的规则排列使金刚石具有晶体结构。

034 **arrow** /ˈærəʊ/ n. 箭头，箭号；箭

74频

- ⓟ a bow and arrow 弓箭
- ⓔ A curly **arrow** is an **arrow** that shows the movement of electrons in organic chemistry. 弯箭头在有机化学中表示电子的转移。

035 **artificially** /ˌɑːtɪˈfɪʃəli/ adv. 人工地，人造地，人为地

8频

- ⓟ be artificially made 人工制造
- ⓔ The protective layer of oxide that covers the surface of aluminium can be **artificially** thickened by anodising. 覆盖在铝表面的氧化物保护层可以通过阳极氧化进行人工加厚。

036 **ascending** /əˈsendɪŋ/ adj. 向上的，上升的

2频

- ⓟ ascending motion 上升运动
- ⓔ Please rank the results in **ascending** order. 请将结果按由低到高的顺序进行排列。

037 **assessment** /əˈsesmənt/ n. 评估；考核；看法

596频

- ⓟ a detailed assessment 详细评估
- ⓔ Self-**assessment** enables students to take ownership of their learning by judging the extent of their knowledge and understanding. 自我评估可以帮助学生通过判断自己对知识的理解和掌握程度来把握自己的学习进度。

038 **assignment** /əˈsaɪnmənt/ *n.* 任务，工作；（工作等的）布置

185 频

- 用 written assignment 书面作业
- 例 Doing experiments is a tough **assignment** for beginners. 做实验对初学者而言是一项艰巨的任务。

039 **assumption** /əˈsʌmpʃn/ *n.* 假设；（责任的）承担；（权利的）获得

6 频

- 用 make an assumption 做出假设
- 例 State two **assumptions** of the kinetic theory of gases. 请陈述气体分子运动论的两个假设。

040 **attach** /əˈtætʃ/ *v.* 附上，贴上

17 频

- 用 attach A to B 把 A 附到 B 上
- 例 The carbon atom with the four different groups **attached** is called the chiral centre of the molecule. 带有四个不同基团的碳原子称为分子的手性中心。

041 **attack** /əˈtæk/ *v.*（疾病、化学药品、昆虫等）攻击，侵蚀；指责

　　　　　n. 进攻

38 频

- 用 be attacked by sth. 受到……侵蚀或攻击
- 例 If a metal is reactive, its surface may be **attacked** by air, water or other substances around it. 如果一种金属是活性的，其表面容易受到空气、水或周围其他物质的侵蚀。

042 **attempt** /əˈtempt/ *vt. & n.* 尝试；企图；努力

2 频

- 用 attempt to do sth. 试图做某事
- 例 No additional tests for ions present should be **attempted**. 不应试图对现有离子进行其他测试。

043 **attract** /ə'trækt/ *v.* 吸引；引起（反应）；招引

`11 频`

- ⊞ attract A to B 吸引 A 注意 B
- ⊕ Molecules of P **attract** each other by hydrogen bonds. P 的分子通过氢键相互吸引。

044 **axis** /'æksɪs/ *n.* 坐标轴；对称中心线

`75 频`

- ⊞ vertical/horizontal axis 纵 / 横坐标轴
- ⊕ On the energy **axis**, mark the position of the activation energy of the reaction when a catalyst is used. 在能量轴上标记使用催化剂时反应活化能的位置。

---

045 battery /ˈbætri/ *n.* 电池；一套，一系列，一批

16频

- 同 cell
- 用 lithium battery 锂电池
- 例 Car **batteries** are made up of rechargeable lead-acid cells. 汽车蓄电池是由可充电的铅酸电池组成的。

---

046 behave / bɪˈheɪv / *v.* （在科学实验中）起反应，起作用；表现

48频

- 用 behave as sth. 起……的作用
- 例 Like ammonia, amines **behave** as bases. 像氨一样，胺也起碱的作用。

---

047 behaviour /bɪˈheɪvjə(r)/ *n.* 表现方式，活动方式；行为

4频

- 用 the behaviour of chromosomes 染色体的活动方式
- 例 What will make it more likely that a gas will approach ideal **behaviour**? 什么情况下气体更有可能接近理想状态？

---

048 bind / baɪnd / *v.* 结合；捆绑；驱使

1频

- 用 bind A to B 使 A 和 B 结合在一起
- 例 The anti-cancer drug cisplatin acts by **binding** to sections of the DNA in cancer cells, preventing cell division. 抗癌药物顺铂通过与癌细胞中的 DNA 片段结合而起作用，阻止细胞分裂。

049 **biochemical** /ˌbaɪəʊˈkemɪkl/ *adj.* 生物化学的

☐ ⊕ biochemical reaction 生化反应　　　　　　　　20 频
☐ ⑳ Some metals are essential to **biochemical** processes. 有些金
☐ 　属对生化反应过程而言是必不可少的。

050 **biological** /ˌbaɪəˈlɒdʒɪkl/ *adj.* 生物的，与生命过程
有关的；生物学的

☐ ⊕ biological catalyst 生物催化剂　　　　　　　　8 频
☐ ⑳ The phosphate buffer system operates in **biological** cells. 磷酸
☐ 　盐缓冲系统在生物细胞中运行。

051 **blank** /blæŋk/ *adj.* 空白的；全然的；茫然的
n. 空白

☐ ⊕ in the blank 在空白处　　　　　　　　　　　695 频
☐ ⑳ This document includes 3 **blank** pages. 本文件含有 3 个空白页。
☐

052 **booklet** /ˈbʊklət/ *n.* 小册子

☐ ⊕ data booklet 数据册　　　　　　　　　　　996 频
☐ ⑳ A piece of brief information is provided on the cover page of
☐ 　the **booklet**. 小册子的封面上提供了一段简短的信息。

053 **bottom** /ˈbɒtəm/ *n.* 底部；尽头
adj. 底部的；最后的

☐ ⊕ at the bottom of... 在……的底部　　　　　　　7 频
☐ ⑳ The top of the column is at a lower temperature than the
☐ 　**bottom** of the column. 圆柱顶部的温度比底部的温度低。

054 **breakdown** /ˈbreɪkdaʊn/ *n.* 分解；故障；（关系的）
破裂

☐ ⊕ thermal breakdown temperature 热分解温度　　21 频
☐ ⑳ The rate of **breakdown** of muscle protein needs to be assessed.
☐ 　需要计算肌肉蛋白质的分解率。

055 **briefly** /'briːfli/ *adv.* 简要地；短暂地

24频

- ⊕ describe briefly 简述
- ⊕ Explain **briefly** the mechanism by which an enzyme breaks down the molecule. 简要解释酶分解这个分子的机制。

056 **bubble** /'bʌbl/ *n.* 气泡
　　　　　　　　　　v. 起泡；（感情）充溢，存在

6频

- ⊕ bubble up 产生气泡
- ⊕ A 10.0 cm³ **bubble** of an ideal gas is formed on the sea bed where it is at a pressure of 2,020 kPa. 在压力为 2,020 千帕的海床上形成了 10 立方厘米的理想气体气泡。

C

057 calculate /ˈkælkjuleɪt/ *v.* 计算；预测；打算

1635 频

- 用 calculate the amount of... 计算……的量
- 例 Use the data in the table to **calculate** the overall enthalpy change of reaction. 使用表中数据计算反应的总焓变。

058 calculator /ˈkælkjuleɪtə(r)/ *n.* 计算器

235 频

- 用 a pocket calculator 便携计算器
- 例 Electronic **calculators** may be used in this exam. 本次考试可使用电子计算器。

059 calibrate /ˈkælɪbreɪt/ *vt.* 标定，校准

5 频

- 用 calibrate controller 校准控制器
- 例 Please use a more accurately **calibrated** thermometer to improve the accuracy of the experiment. 请使用标定刻度更精确的温度计，以提高实验的准确性。

060 capsule /ˈkæpsjuːl/ *n.* （装物或装液体的）小塑料容器；（植物的）荚；胶囊

9 频

- 用 a capsule containing vitamin B 维生素 B 胶囊
- 例 A **capsule** containing iron complex was dissolved in dilute H_2SO_4. 将含有铁络合物的小塑料容器溶解在稀释的硫酸中。

061 cell /sel/ *n.* 电池；细胞；单人室

295 频

- 近 battery
- 用 a photoelectric cell 光电池
- 例 Please set up an electrochemical **cell** using the available materials. 请使用现有材料创建电化学电池。

062 **central** /ˈsentrəl/ *adj.* 中间的；主要的，首要的

7频

☐ ⑪ play a central role 起主导作用

☐ ⑫ The **central** atom in the molecule of ClO_2 is chlorine. 二氧化氯

☐ 分子的中心原子是氯。

063 **change** /tʃeɪndʒ/ *n.* 变化；找零

v. （使）变化，更替

1220频

☐ ⑬ alter

☐ ⑪ social change 社会变革

☐ ⑫ Use the following data to calculate the enthalpy **change** of this

reaction. 使用以下数据计算该反应的焓变。

064 **character** /ˈkærəktə(r)/ *n.* 特性；性格；文字

3频

☐ ⑪ character defects 性格弱点

☐ ⑫ Many ionic compounds have some covalent **character** due to

ion polarisation. 由于离子极化，许多离子化合物具有某些共

价性。

065 **characteristic** /ˌkærəktəˈrɪstɪk/ *adj.* 独特的

n. 特征

13频

☐ ⑪ characteristic chemical properties 化学特性

☐ ⑫ The **characteristic** smell of garlic is due to alliin. 大蒜特有的

气味源于蒜氨酸。

066 **chart** /tʃɑːt/ *n.* 图表；排行榜

vt. 记录；制定计划

4频

☐ ⑪ bar chart 条形图

☐ ⑫ Draw the structure of compound *X* in the box provided in the

chart above. 在上图的方框中画出化合物 *X* 的结构。

067 chemical /ˈkemɪkl/ adj. 化学的，与化学有关的
n. 化学品，化学物

36频

- ⊞ chemical element 化学元素
- 例 Polymers may be formed by two different types of **chemical** reaction. 聚合物可以由两种不同类型的化学反应形成。

068 chemist /ˈkemɪst/ n. 化学家；药剂师；药商

23频

- ⊞ organic chemist 有机化学家
- 例 In 1903 Arthur Lapworth became the first **chemist** to investigate a reaction mechanism. 1903 年，亚瑟·拉普沃思成为首位研究反应机理的化学家。

069 choose /tʃuːz/ v. 选择，挑选

29频

- ⊞ choose A from B 从 B 中选出 A
- 例 In each section of this question **choose** the answer or answers from the options listed. 在此题的每个小题中，从选项中选择一个或多个答案。

070 circle /ˈsɜːkl/ v. 画圈
n. 圆圈，圆形；圈子

7频

- ⊞ stand in a circle 站成一圈
- 例 **Circle** the carbohydrate that could be starch. 圈出可能是淀粉的碳水化合物。

071 circuit /ˈsɜːkɪt/ n. （电流的）回路；巡回；赛车道

14频

- ⊞ a circuit diagram 电路图
- 例 A defect was found in the electrical **circuit**. 在电路中发现了一个缺陷。

072 classify /'klæsɪfaɪ/ *vt.* 将……分类；界定，划分

46频

☐ 用 be classified into three categories 分为三类

☐ 例 The catalysis can be **classified** as heterogeneous or

☐ homogeneous. 催化作用可分为多相催化和均相催化。

073 clearance /'klɪərəns/ *n.* 批准，许可；清理

271频

☐ 用 security clearance 安全审查许可

☐ 例 The plane will be taking off as soon as it gets **clearance**. 只要

☐ 获得许可，飞机马上就会起飞。

074 clockwise /'klɒkwaɪz/ *adj.* 顺时针方向的

adv. 顺时针方向地

2频

☐ 用 rotate clockwise 顺时针旋转

☐ 例 The '+' sign is used to show that the rotation is in a **clockwise**

☐ direction. "+"号表示旋转是沿顺时针方向进行的。

075 coating /'kəʊtɪŋ/ *n.* （薄的）覆盖层，涂层

4频

☐ 用 magnetic coating 磁层

☐ 例 Suggest why PTFE is used as a **coating** for cooking pans. 请说

☐ 明为什么聚四氟乙烯被用作烹饪锅的涂层。

076 code /kəʊd/ *n.* 代码；行为规范；法规

v. 编码

8频

☐ 用 error code 错误代码

☐ 例 In general the amino acid chains start with the **code** AUG. 通

☐ 常情况下，氨基酸链以代码 AUG 开头。

077 collide /kə'laɪd/ *vi.* 碰撞，相撞；冲突

8频

☐ 用 collide with... 与……相撞

☐ 例 For a reaction to occur the molecules must

collide together with sufficient energy. 要

发生反应，分子必须以足够的能量碰撞在

一起。

078 colourless /ˈkʌlələs/ *adj.* 无色的；苍白的；枯燥的

237 频

- 用 colourless solution 无色溶液
- 例 A **colourless** gas was given off and a white precipitate was seen. 放出无色气体，形成白色沉淀物。

079 combination /ˌkɒmbɪˈneɪʃn/ *n.* 结合体；组合

161 频

- 用 in combination with... 与……结合
- 例 Green is a **combination** of blue and yellow. 绿色是蓝色和黄色的结合体。

080 combust /kəmˈbʌst/ *v.* 消耗，燃烧

5 频

- 用 combust with... 与……燃烧
- 例 Elemental arsenic does not **combust** with copper in alloying as in the case of arsenic sulfide. 元素砷在合金化的过程中不会像硫化砷一样与铜燃烧。

081 comment /ˈkɒment/ *v.* 评价，发表意见
　　　　　　　　　　　　 n. 评论；批评

2 频

- 用 comment on/upon... 对……发表意见
- 例 **Comment** on the effectiveness of the improvement plan. 对改进计划的有效性进行评价。

082 compare /kəmˈpeə(r)/ *v.* 比较；与……类比

6 频

- 用 compare A with B 比较 A 与 B
- 例 How does the atomic radius of sodium **compare** with that of sulfur? 钠的原子半径与硫的原子半径相比，情况如何？

083 comparison /kəmˈpærɪsn/ *n.* 比较，对比

9 频

- 用 comparison between A and B A 与 B 之间的比较
- 例 Keep the tube for **comparison** with the observations in test. 保留试管，以便与测试中的观察结果进行比较。

084 **competitive** /kəmˈpetətɪv/ *adj.* 竞争的；有竞争力的；一心求胜的

27 频

- 搭 competitive advantage 竞争优势
- 例 Explain the difference between **competitive** and non-competitive inhibition of enzymes. 解释酶的竞争性抑制和非竞争性抑制之间的区别。

085 **composed** /kəmˈpəʊzd/ *adj.* 组成的；平静的，沉着的

7 频

- 搭 composed experience 平静的体验
- 例 The core of Earth is **composed** mainly of iron and nickel. 地核主要由铁和镍组成。

086 **concern** /kənˈsɜːn/ *n.* 关心，忧虑 *vt.* 涉及；使担忧

3 频

- 搭 concern about/for/ over sth. 对某事的忧虑
- 例 The 'enhanced greenhouse effect' is of great **concern** to the international community. "温室效应增强"是国际社会极为关注的一个问题。

087 **concerning** /kənˈsɜːnɪŋ/ *prep.* 关于，涉及

11 频

- 搭 concerning the question 关于这个问题
- 例 Which statements **concerning** this synthesis are correct? 关于该合成，以下哪些陈述是正确的？

088 **conclude** /kənˈkluːd/ *v.* 推断，得出结论；达成（协议）

1 频

- 搭 conclude A from B 从 B 中推断出 A
- 例 What do you **conclude** from the experiment? 你从实验中得出了什么结论？

089 **condition** /kən'dɪʃn/ *n.* 条件；状态；环境
v. 使适应

454频

- 🔁 standard conditions 标准状况，标准条件
- 🔁 State the essential **condition** required for reaction 1 to occur. 请说明反应 1 发生所必需的条件。

090 **conduct** /kən'dʌkt/ *v.* 传导（热或电等能量）；实施
/'kɒndʌkt/ *n.* 行为举止

8频

- 🔁 conduct an experiment 进行试验
- 🔁 Copper **conducts** electricity, but plastic does not. 铜可以导电，但塑料不导电。

091 **confirm** /kən'fɜːm/ *v.* 确认，证实；批准

48频

- 🔁 confirm an appointment 对预约进行确认
- 🔁 Choose reagents that could be used to **confirm** the identity of the substance. 请选择能够确认该物质同一性的试剂。

092 **connect** /kə'nekt/ *v.* 连接；联系；建立关系

3频

- 🔁 connect A to/with B 使 A 和 B 连接
- 🔁 The solutions contained in the two half-cells must be **connected** using a salt bridge. 两个半电池的溶液须用盐桥连接。

093 **consecutive** /kən'sekjətɪv/ *adj.* 连续的

20频

- 🔁 four consecutive days 连续四天
- 🔁 The relative melting points of four **consecutive** elements in the Periodic Table are shown in the graph. 元素周期表中四个连续元素的相对熔点如图所示。

094 consist /kən'sɪst/ vi. 由……组成；存在于，在于

357 频

☐ ⏺ consist in sth. 在于……

☐ ⏺ The nucleus of a hydrogen atom **consists** of a single proton. 氢
☐   原子的原子核由一个质子组成。

095 constant /'kɒnstənt/ adj. 不断的；恒定的
                                n. 常量

262 频

☐ ⏺ equilibrium constant 平衡常数

☐ ⏺ At **constant** temperature, each gas
☐   in the mixture contributes to the
   total pressure in proportion to the
   number of moles present. 在恒定温
   度下，混合物中的每种气体对总压
   力的贡献与存在的摩尔数成正比。

096 constituent /kən'stɪtʃuənt/ n. 成分，构成要素；
                                  选民
                                adj. 组成的

14 频

☐ ⏺ composed (adj.)

☐ ⏺ active constituent 活性成分

☐ ⏺ Geraniol is a **constituent** of some perfumes. 香叶醇是某些香
   水的成分。

097 construction /kən'strʌkʃn/ n. 构造；建造；建筑物

12 频

☐ ⏺ construction industry 建筑业

☐ ⏺ Show clearly any **construction** lines you draw on the graphs.
   清楚地展示出你在图表上画的任何作图线。

098 contain /kən'teɪn/ v. 含有，容纳；克制（感情）；
                              防止……蔓延（或恶化）

464 频

☐ ⏺ contain alcohol 含酒精

☐ ⏺ The structure of DNA **contains** a specific genetic code. DNA 的
☐   结构包含一组特殊的遗传密码。

099 **contaminate** /kən'tæmɪneɪt/ *vt.* 污染；腐蚀（人的思想或品德）

12频

- ☐ 🈴 contaminate water with lead 水受到铅污染
- ☐ 🈸 Chlorine gas is widely used to treat **contaminated** water. 氯气被广泛用于处理被污染的水。

100 **continuously** /kən'tɪnjuəsli/ *adv.* 连续不断地，反复地

6频

- ☐ 🈺 consecutive (*adj.*)
- ☐ 🈴 stir continuously 连续搅拌
- ☐ 🈸 Fuel cell is a device for **continuously** converting chemical energy into electrical energy using a combustion reaction. 燃料电池是一种利用燃烧反应将化学能连续转换成电能的装置。

101 **contribute** /kən'trɪbjuːt/ *v.* 促使，是导致……的原因之一；捐献

10频

- ☐ 🈴 contribute A to B 向 B 捐献 A
- ☐ 🈸 Sulfur oxides are produced and subsequently released into the atmosphere which then **contribute** to the problem of acid rain. 硫氧化物产生后释放到大气中，造成了酸雨问题。

102 **conventional** /kən'venʃənl/ *adj.* 常规的；传统的；依照惯例的

9频

- ☐ 🈴 conventional morality 传统道德规范
- ☐ 🈸 Draw the two stereoisomers in the **conventional** way. 用常规方法画出两个立体异构体。

103 **conversion** /kən'vɜːʃn/ *n.* 转换，转变；皈依

19频

- ☐ 🈴 conversion into/to... 转换为……
- ☐ 🈸 Complete the mechanism for the following **conversion**. 完成下列转换的机制。

104 convert /kən'vɜ:t/ v. 改变，转换
/'kɒnvɜ:t/ n. 改变宗教（或信仰、观点）的人

78 频

- ⓘ alter (v.)
- ⓟ convert A into/ to B 将 A 转换成 B
- ⓔ State the type of reaction needed to **convert** gingerol into shogaol. 陈述将姜醇转化为姜烯酚所需要的反应类型。

105 converter /kən'vɜ:tə(r)/ n. 转换器；变流器；变频器

31 频

- ⓟ catalytic converter 催化转换器
- ⓔ Many reactions take place in the engine and catalytic **converter** of a car. 汽车的发动机和催化转化器中会发生许多反应。

106 coordinate /kəʊ'ɔ:dɪnət/ n. 坐标；套装
/kəʊ'ɔ:dɪneɪt/ v. 协调，搭配

2 频

- ⓟ latitude and longitude coordinates 经纬坐标
- ⓔ State the **coordinates** of both points you used in your calculation. 请说明计算中所使用的两个点的坐标。

107 correction /kə'rekʃn/ n. 改正，修正；惩罚

317 频

- ⓟ correction fluid 改正液
- ⓔ The experiment plan needs a few small **corrections**. 实验计划有几处需要稍微修改一下。

108 corresponding /ˌkɒrə'spɒndɪŋ/ adj. 相应的，符合的

28 频

- ⓟ corresponding change 相应的变化
- ⓔ The reactions of lithium and magnesium and their **corresponding** compounds are very similar. 锂和镁以及它们对应的化合物的反应非常相似。

109 corrosion /kəˈrəʊʒn/ n. 腐蚀；侵蚀

9频

- 用 surface corrosion 表面侵蚀
- 例 Acid rain increases the **corrosion** of some metals. 酸雨加速了某些金属的腐蚀。

110 course /kɔːs/ n. 课程；科目；过程，进程；道路
vt. 追赶；跑过 vi. 指引航线；快跑

7频

- 用 the course of history 历史进程
- 例 The **course** includes a placement in Year 3. 本课程第 3 年有实习课。

111 critical /ˈkrɪtɪkl/ adj. 极重要的；批判性的；可能有危险的

2频

- 用 critical factor 关键因素
- 例 Reducing levels of carbon dioxide in the atmosphere is **critical**. 减少大气层中二氧化碳的含量非常重要。

112 crush /krʌʃ/ v. 捣碎；镇压
n. 迷恋；被压碎的状态

7频

- 用 crush the rebellion 平息叛乱
- 例 Please determine the percentage of calcium carbonate in a sample of **crushed** limestone. 请测定粉碎的石灰石样本中碳酸钙的百分比。

113 crust /krʌst/ n. 地壳；硬层，硬表面；糕饼酥皮

3频

- 用 a thin crust of ice 一层薄冰
- 例 Aluminium is the most abundant metal in the Earth's **crust**. 铝是地壳中含量最丰富的金属。

114 crystal /ˈkrɪstl/ n. 结晶，晶体；水晶

26频

- 用 salt crystals 盐晶体
- 例 The 'crown-shaped' sulfur molecules, S8, can pack together in regular patterns, forming **crystals**. "冠状"硫分子 S8 可以以规则的方式堆积在一起，形成晶体。

115 **cubic** /ˈkjuːbɪk/ *adj.* 立方的；立方体的

- ⊞ cubic figure 立方形
- ⓔ The **cubic** crystals of sodium chloride come from the neutralisation of hydrochloric acid with sodium hydroxide solution. 氯化钠的立方晶体源于盐酸与氢氧化钠溶液的中和反应。

116 **cyclic** /ˈsaɪklɪk/ *adj.* 环状的；循环的，周期的

- ⊞ cyclic compound 环状化合物
- ⓔ The product of the reaction has a **cyclic** structure. 该反应的产物结构为环状。

D

扫一扫
听本节音频

---

117 **damage** /'dæmɪdʒ/ *n.* 破坏；损失；损失赔偿金
v. 损害

10 频

☐ 🌐 fire damage 火灾损失
☐ 🔵 Lead and oxides of lead may cause long-term **damage** in the
☐ aquatic environment. 铅及其氧化物可能会对水生环境造成长期的破坏。

---

118 **damp** /dæmp/ *adj.* 潮湿的
n. 湿气；潮湿

202 频

☐ 🌐 damp cloth 湿布
☐ 🔵 A piece of **damp** red litmus paper is held over the mouth of the
☐ test tube. 一张潮湿的红色石蕊试纸固定在试管口上方。

---

119 **data** /'deɪtə/ *n.* 数据；材料，资料

1076 频

☐ 🌐 data analysis 数据分析
☐ 🔵 Use this **data** to calculate the value of Kc for this reaction. 用
☐ 此数据计算该反应的 Kc 值。

---

120 **decay** /dɪ'keɪ/ *v. & n.* 腐烂，腐朽；衰败

3 频

☐ 🌐 tooth decay 蛀牙
☐ 🔵 The rate of **decay** and oxidation is slower at lower temperatures.
☐ 低温下腐烂和氧化的速度较慢。

121 **decimal** /'desɪml/ *adj.* 小数的；十进位的
　　　　　　　　　　　　　　n. 小数

78频
- 🔁 decimal system 十进制
- 🔵 Calculate and record the average temperature of the reaction mixture to one **decimal** place. 计算并记录反应混合物的平均温度，精确到小数点后一位。

122 **decolourise** /diː'kʌləraɪz/ *vt.* 使……脱色，将……漂白

15频
- 🔁 decolourise the liquid 使液体褪色
- 🔵 Both compounds react with sodium metal, and both **decolourise** bromine water. 这两种化合物都能与金属钠反应，且都能使溴水褪色。

123 **decomposition** /ˌdiːˌkɒmpə'zɪʃn/ *n.* 分解；腐烂

168频
- 🟰 breakdown, decay (v.)
- 🔁 microbial decomposition 微生物分解
- 🔵 Describe the thermal **decomposition** of the nitrates and carbonates. 描述硝酸盐和碳酸盐的热分解。

124 **deduce** /dɪ'djuːs/ *vt.* 推导；演绎；追根溯源

118频
- 🔁 deduce the molecular formula 推导分子式
- 🔵 **Deduce** the values of x, y and z in the equation. 推导方程中 x、y 和 z 的值。

125 **deficiency** /dɪ'fɪʃnsi/ *n.* 缺乏；缺点；不足额

2频
- 🟰 absence
- 🔁 vitamin deficiency 维生素的缺乏
- 🔵 Zinc **deficiency** in humans can be easily treated by using zinc salts as dietary supplements. 如果缺锌，人们可以用锌盐作为膳食补充剂进行治疗。

126 **define** /dɪ'faɪn/ vt. 解释（词语）的含义；明确；界定

50频

- ⊕ define the task 明确任务
- ⑳ **Define** the term standard enthalpy change of combustion. 请解释术语"标准摩尔燃烧焓"的含义。

127 **definition** /ˌdefɪ'nɪʃn/ n. 定义；解释；清晰度

7频

- ⊕ standard definition 标准释义
- ⑳ The understanding of the **definition** of chemical terms needs professional knowledge. 对化学术语定义的理解需要专业知识。

128 **deflect** /dɪ'flekt/ v. 偏转；转移；阻止

10频

- ⊕ be deflected by sth. 因某物而发生偏转
- ⑳ Beams of charged particles are **deflected** by an electric field. 带电粒子束因电场发生了偏转。

129 **degree** /dɪ'griː/ n. 程度，度；学位

2频

- ⊕ the degree of rotation 旋转度
- ⑳ The **degree** of polarisation of an anion depends on two factors. 阴离子的极化程度取决于两个因素。

130 **depletion** /dɪ'pliːʃn/ n. 消耗，用尽；耗减

12频

- ⊕ abnormal depletion of water 水的异常流失
- ⑳ The **depletion** of the ozone layer in the upper atmosphere reduces the Earth's natural protection from harmful ultraviolet radiation. 上层大气中臭氧层的消耗削弱了地球对有害紫外线的自然隔离。

131 **descend** /dɪ'send/ v. 下降；降临；陷入

15频

- ⊕ descend to a further depth 进一步下滑
- ⑳ If early action is not taken, the economy would **descend** to a further depth. 如果不及早采取行动，经济将进一步下滑。

132 **describe** /dɪˈskraɪb/ *vt.* 描述；称为；形成……形状

326频

- 用 describe A as B 把 A 称为 B
- 例 **Describe** what you see when sodium is heated in chlorine and write a balanced equation for the reaction. 描述当钠在氯气中加热时的情况，并写出该反应的平衡方程式。

133 **description** /dɪˈskrɪpʃn/ *n.* 描述；说明；类型

6频

- 用 a detailed/full description 详尽说明
- 例 Write a brief **description** of what you would see in the reaction. 简要描述你在该反应中会看到的情形。

134 **desire** /dɪˈzaɪə(r)/ *v.* 渴望，期望
n. 愿望；欲望

4频

- 用 the desire for sth. 对某事或某物的渴望
- 例 The **desired** organic product was collected by distillation. 通过蒸馏收集所需有机产品。

135 **despite** /dɪˈspaɪt/ *prep.* 虽然，尽管，即使

6频

- 用 despite the fact that... 尽管……
- 例 **Despite** its use as a rocket fuel, hydrazine does not burn spontaneously in oxygen. 虽然联氨被用作火箭燃料，它遇到氧气却不会自燃。

136 **destruction** /dɪˈstrʌkʃn/ *n.* 摧毁，毁灭，破坏

2频

- 近 damage
- 用 weapons of mass destruction 大规模杀伤性武器
- 例 Many people are very concerned about the **destruction** of the rainforests. 热带雨林的破坏受到了广泛的关注。

137 **detect** /dɪˈtekt/ *vt.* 查出，发现；发觉

- 用 detect tumours 检测肿瘤
- 例 Explain why NMR spectroscopy can **detect** hydrogen atoms in molecules. 请解释为什么核磁共振波谱法可以检测分子中的氢原子。

138 **detector** /dɪˈtektə(r)/ *n.* 检测器；探测器；侦察器

📦 smoke detector 烟雾检测器

⏺ The stream of ions is brought to a **detector** after being deflected by a strong magnetic field. 离子流在因强磁场发生偏转后到达检测器。

`2 频`

139 **detergent** /dɪˈtɜːdʒənt/ *n.* 洗涤剂，去垢剂

📦 liquid detergent 洗涤液

⏺ The artificial 'musk ketone' is a perfume agent added to many cosmetics and **detergents**. 人造麝香酮是一种芳香剂，很多化妆品和洗涤剂中都含有该成分。

`2 频`

140 **determine** /dɪˈtɜːmɪn/ *v.* 确定；决定；是……的决定因素

📦 determine the cause 查明原因

⏺ Use the data in the table to **determine** the order with respect to each reactant. 使用表中的数据确定每种反应物的顺序。

`407 频`

141 **diagram** /ˈdaɪəɡræm/ *n.* 示意图，简图，图表

📦 circuit diagram 电路图

⏺ Show by means of a **diagram** how the disulfide cross-links are formed. 请画出二硫键交联形成过程的示意图。

`443 频`

142 **differ** /ˈdɪfə(r)/ *v.* 不同；持不同看法

📦 A differs from B A 与 B 不同

⏺ How do the properties of *P* and *Q* **differ**? *P* 和 *Q* 的性质有何不同？

`14 频`

143 **dimensional** /daɪˈmenʃənl/ *adj.* 维的；尺寸的

📦 three-dimensional structure 三维结构

⏺ Draw a three-**dimensional** diagram to show the shape of an ammonia molecule. 请画出氨分子的三维示意图。

`45 频`

144 **diminish** /dɪˈmɪnɪʃ/ v. 减少，降低；贬低

2频

- ⊕ rapidly diminishing resources 迅速消失的资源
- ⑩ The **diminishing** supply of crude oil has resulted in a number of initiatives to replace oil-based polymers with those derived from natural products. 由于原油供应的减少，人们采取了一系列举措，用天然产品衍生的聚合物取代油基聚合物。

145 **direction** /dəˈrekʃn/ n. 方向；趋势；目标

14频

- ⊕ under the direction of sb. 在某人的指导下
- ⑩ The following equilibrium is an exothermic reaction in the forward **direction**. 以下平衡式是一个正向放热反应。

146 **directly** /dəˈrektli/ adv. 直接地；正好地；立刻
conj. 一……就……

50频

- ⊕ directly opposite/below/ahead 正对面 / 正下方 / 正前方
- ⑩ Sodium and silicon also react **directly** with chlorine to produce the chlorides shown. 钠和硅也可以直接与氯反应，生成如所示的氯化物。

147 **disadvantage** /ˌdɪsədˈvɑːntɪdʒ/ n. 缺点；劣势，不利因素

16频

- ⊕ at a disadvantage 处于劣势
- ⑩ Use your knowledge of hydrogen to suggest a **disadvantage** of these fuel cells in powering vehicles. 请根据你对氢的认识说明这些燃料电池在为车辆提供动力方面有什么缺点。

148 **disease** /dɪˈziːz/ n. 疾病；弊病，恶习

4频

- ⊕ heart disease 心脏病
- ⑩ Some **diseases** are caused by changes in the structure of proteins. 有些疾病是由蛋白质结构的变化引起的。

149 **display** /dɪˈspleɪ/ *v.* 展示；显示

　　　　　　　　　　　　　　 n. 陈列；显示

| | 1频 |

⊞ window display 橱窗陈列

例 The type of variable will determine whether you **display** the data collected as a line graph or as a bar chart. 变量的类型决定了你所收集的数据是通过折线图还是条形图展示出来。

150 **disposal** /dɪˈspəʊzl/ *n.* 处理，清除；（企业、财产等的）变卖

| | 13频 |

⊞ the disposal of nuclear waste 核废料的处理

例 Which statement does not correctly describe a problem related to the **disposal** of PVC? 关于聚氯乙烯处置问题，下列哪种说法不正确？

151 **dissociate** /dɪˈsəʊsieɪt/ *v.* 离解；分离；表明与……没有关系

| | 6频 |

⊞ dissociate A from B 将 A 与 B 分开；声明 A 与 B 没有关系

例 Dicarboxylic acids **dissociate** in stages. 二羧酸分阶段离解。

152 **dissolve** /dɪˈzɒlv/ *v.* 溶解；解除；消散

| | 71频 |

⊞ dissolve in sth. 溶解于某物中

例 Why does aluminium oxide **dissolve** in sodium hydroxide solution? 为什么氧化铝会溶解在氢氧化钠溶液中？

153 **distance** /ˈdɪstəns/ *n.* 距离；远处；疏远

　　　　　　　　　　　　　 v. 与……疏远

| | 7频 |

⊞ in the distance 在远处

例 Calculate the mass of CO_2 produced when the fuel-efficient car is driven for a **distance** of 100 km. 计算节能型汽车行驶 100 公里时产生的二氧化碳质量。

154 distinguish /dɪ'stɪŋɡwɪʃ/ v. 区分；使有别于；使出众

45频

- 同 differ
- 用 distinguish between A and B 区分 A 和 B
- 例 Describe a chemical test to **distinguish** between these two acids. 请详述一种可以区分这两种酸的化学测试。

155 distribution /ˌdɪstrɪ'bjuːʃn/ n. 分布；分发；分销

85频

- 用 the distribution of wealth 财富分配
- 例 The Boltzmann **distribution** below shows the distribution of molecular energies in a sample of a gas at a given temperature. 以下玻尔兹曼分布表示某气体样品在给定温度下的分子能量分布。

156 divide /dɪ'vaɪd/ v. 分开；使产生分歧；除以
n. 分歧

2频

- 用 divide sth. up 把某物分开
- 例 **Divide** this solution equally into two test tubes. 将此溶液平均分到两个试管中。

157 document /'dɒkjumənt/ n. 文件；文档
vt. 记载；用文件证明

317频

- 用 legal documents 法律文书
- 例 Please prepare all the **documents** needed to apply for a passport. 请准备好申请护照所需的所有文件。

158 donate /dəʊ'neɪt/ v. 提供；捐赠，捐献

7频

- 同 contribute
- 用 donate one's blood 献血
- 例 Acids are defined as substances that can **donate** hydrogen ions to bases. 酸的定义是可以给碱提供氢离子的物质。

159 **dose** /dəʊs/ *n.* 一剂；一次；一份
vt. 给……服药 *vi.* 服药

| | 1频 |

- ☐ 🌐 a lethal dose 致死剂量
- ☐ 📝 A large **dose** of nitrogen oxide, if inhaled, can be fatal and
- ☐ smaller quantities can have severe effects on breathing. 吸入大剂量氮氧化物可能会致命，小剂量可能会对呼吸产生严重影响。

160 **dotted** /'dɒtɪd/ *adj.* 有点的；遍布的

| | 9频 |

- ☐ 🌐 dotted line 虚线
- ☐ 📝 The **dotted** curves below show the Boltzmann distribution for
- ☐ the same reaction at a higher temperature. 下图中虚线显示了相同反应在较高温度下的玻尔兹曼分布。

161 **dye** /daɪ/ *n.* 燃料
vt. 染色

| | 27频 |

- ☐ 🌐 dye one's hair 染发
- ☐ 📝 Indigo is the **dye** used in blue jeans. 靛蓝是蓝色牛仔裤所使用的染料。

162 **economic** /ˌiːkəˈnɒmɪk/ *adj.* 经济的；合算的

2频

- 用 economic crisis 经济危机
- 例 Total removal of the pollutant sulfur dioxide, SO_2, is difficult, both for **economic** and technical reasons. 由于经济和技术原因，完全消除二氧化硫（SO_2）的污染非常困难。

163 **edible** /ˈedəbl/ *adj.* 可食用的

2频

- 用 edible fungi 食用菌
- 例 Vegetable oils are **edible** oils and contain long-chain organic acids (fatty acids). 植物油是可食用油，含有长链有机酸（脂肪酸）。

164 **effect** /ɪˈfekt/ *n.* 影响；效果；财物
　　　　　　　　　　vt. 引起

178频

- 回 affect (v.)
- 用 long-term effects 长期影响
- 例 Predict the **effect** of increasing the temperature on the feasibility of this reaction. 请预测升高温度对该反应可行性的影响。

165 **effectively** /ɪˈfektɪvli/ *adv.* 有效地；实际上

2频

- 反 ineffectively 无效地
- 例 The reaction can **effectively** be stopped if the solution is diluted with an ice-cold solvent. 用冰冷溶剂稀释溶液可以有效地阻止反应。

166 **effervesce** /ˌefəˈves/ *vi.* 起泡，冒气泡

2频

- ⓢ bubble
- ⓔ The compounds **effervesce** with Na_2CO_3(aq). 两种化合物放入碳酸钠溶液中会起泡。

167 **effervescence** /ˌefəˈvesns/ *n.* 起泡，冒气泡；活泼

24频

- ⓕ effervescent 冒泡的，起沫的；充满活力的
- ⓔ Vigorous **effervescence** can be seen in this reaction. 在该反应中可以看到强烈的起泡现象。

168 **electrically** /ɪˈlektrɪkli/ *adv.* 用电地，有关电地

2频

- ⓟ electrically neutral 电中性
- ⓔ The melting point can be measured using an **electrically** heated melting-point apparatus. 熔点可以用电热熔点仪测量。

169 **electronic** /ɪˌlekˈtrɒnɪk/ *adj.* 电子的；电子设备的

304频

- ⓟ electronic engineer 电子工程师
- ⓔ Complete the **electronic** configurations of chlorine and bromine. 请填写完成氯和溴的电子组态。

170 **eliminate** /ɪˈlɪmɪneɪt/ *vt.* 消除；淘汰；消灭

5频

- ⓟ eliminate A from B 从 B 中消除 A
- ⓔ Condensation reaction is a reaction in which two organic molecules join together and in the process **eliminate** a small molecule. 缩合反应是两个有机分子结合在一起并在此过程中消除一个小分子的反应。

171 **emission** /ɪˈmɪʃn/ *n.* 排放，发出；排放物

3频

- ⓟ industrial emissions 工业排放物
- ⓔ Incomplete combustion can lead to **emission** of unburnt hydrocarbons. 不完全燃烧会导致未燃烧碳氢化合物的排放。

172 enable /ɪˈneɪbl/ vt. 使能够，使可行

`11 频`

- 用 enable sb. to do sth. 使某人能够做某事
- 例 What chemical property of SO_2 **enables** it to be used as a food preservative? 二氧化硫的什么化学性质使其能够用作食品防腐剂？

173 enclose /ɪnˈkləʊz/ vt. 包裹，围住；附上

`3 频`

- 回 attach
- 用 be enclosed with... 被……围住
- 例 One way of protecting drug molecules that are taken orally is to **enclose** them in liposomes. 要保护口服药物颗粒，可以将它们包裹在脂质体中。

174 energy /ˈenədʒi/ n. 能量；能源；精力

`952 频`

- 用 solar/nuclear energy 太阳能 / 核能
- 例 Calculate a value for the bond **energy** of nitrogen monoxide. 计算一氧化氮键能的值。

175 engine /ˈendʒɪn/ n. 发动机，引擎；车头

`34 频`

- 用 petrol engine 汽油发动机
- 例 The current model has a bi-fuel **engine** which can run on either liquid hydrogen or gasoline. 目前车型配有双燃料发动机，既可以使用液氢，也可以使用汽油。

176 ensure /ɪnˈʃʊə(r)/ vt. 确保，保证

`63 频`

- 用 ensure one's success 确保成功
- 例 **Ensure** that all of the magnesium is in contact with the acid. 确保全部镁与酸充分接触。

177 environmental /ɪnˌvaɪrənˈmentl/ adj. 环境的

`36 频`

- 用 environmental issues/problems 环境问题
- 例 What is the main **environmental** effect of the presence of nitrogen oxides in the atmosphere? 大气中氮氧化物的存在对环境的主要影响是什么？

178 **equal** /ˈiːkwəl/ *adj.* 相同的；平等的
　　　　　　　　　　　v. 等于；导致

| | 91频 |

- ⊞ be equal to sth. 与某物相等
- ⊘ The concentration of both acids is **equal**. 这两种酸的浓度相等。

179 **equation** /ɪˈkweɪʒn/ *n.* 方程式；同等看待；（多种因素的）平衡

| | 1049频 |

- ⊞ chemical equation 化学方程式
- ⊘ What is the **equation** for this equilibrium reaction? 该平衡反应的方程式是什么？

180 **equipment** /ɪˈkwɪpmənt/ *n.* 设备，器材

| | 23频 |

- ⊞ office equipment 办公设备
- ⊘ It is essential that each piece of **equipment** can be easily recognised in the diagram. 图中的每一件设备都必须画得易识别。

181 **error** /ˈerə(r)/ *n.* 错误，差错，谬误

| | 276频 |

- ⊞ make an error 出错
- ⊘ State the **error** made by the student and calculate the correct value. 请说明该学生的错误之处，并计算正确值。

182 **escape** /ɪˈskeɪp/ *v.* （气体、液体等）逸出；逃跑
　　　　　　　　　　n. 渗出（量）

| | 2频 |

- ⊞ escape from... 从……逃出
- ⊘ Water molecules **escape** from the surface of the liquid to become vapour. 水分子从液体表面逸出变成水蒸气。

183 **estimate** /ˈestɪmeɪt/ *vt.* 估计，估算
　　　　　　　/ˈestɪmət/ *n.* 估计，估算

| | 7频 |

- ⊞ make an estimate of... 对……进行估算
- ⊘ **Estimate** the volume of acid needed to neutralise the alkali. 估计中和碱所需的酸量。

184 evaluation /ɪˌvælju'eɪʃn/ n. 评估，评价

41 频

- ⊜ assessment
- ⊞ price evaluation 价格评估
- ⊡ The **evaluation** of a set of results can be approached in a number of ways. 对一组结果的评估可以通过多种方式进行。

185 evenly /'iːvnli/ adv. 均匀地；平均地；平静地

1 频

- ⊞ be evenly distributed 平均分布
- ⊡ It was **evenly** coated with silver by electrolysis. 用电解的方法在它表面均匀地镀上一层银。

186 evidence /'evɪdəns/ n. 依据，证据
vt. 证明

75 频

- ⊞ evidence of/for... ……的证据
- ⊡ Identify two gases, other than water vapour, that are produced and give your **evidence**. 请说明所产生的两种气体(水蒸气除外)是什么，并说出依据。

187 evolution /ˌiːvə'luːʃn/ n. 放出，析出；进化

9 频

- ⊞ theory of evolution 进化论
- ⊡ SnO_2 reacts with concentrated sulfuric acid to form a colourless solution with no **evolution** of gas. SnO_2 与浓硫酸反应生成无色溶液，不放出气体。

188 exactly /ɪɡ'zæktli/ adv. 完全地；精确地；究竟

52 频

- ⊜ accurate (adj.)
- ⊞ exactly nine o'clock 九点整
- ⊡ All 18 experiments use **exactly** the same mass of ore. 这 18 个实验使用的矿石质量完全相同。

189 **excess** /ɪk'ses/ *n.* 过量；超过
/'ekses/ *adj.* 超额的；额外的

2545 频

- ☐ 🈁 in excess of £20,000 超过两万英镑
- ☐ 🈂 All alkali solutions contain an **excess** of OH⁻ ions. 所有的碱溶
- ☐ 液都含有过量的氢氧根离子。

190 **excessive** /ɪk'sesɪv/ *adj.* 过量的，过度的

7 频

- ☐ 🈁 excessive noise 噪音过大
- ☐ 🈂 What are the processes that occur when **excessive** amounts
- ☐ of nitrogenous fertilisers get into lakes and streams? 当过量
的氮肥进入湖泊和溪流时，会发生什么过程？

191 **existence** /ɪg'zɪstəns/ *n.* 存在；（尤指艰难或无聊的）
生活

3 频

- ☐ 🈁 miserable existence 悲惨的生活
- ☐ 🈂 Ethanethiol is toxic and is regarded as one of the smelliest
- ☐ compounds in **existence**. 乙硫醇有毒，被认为是现存最难闻的
化合物之一。

192 **expected** /ɪk'spektɪd/ *adj.* 预期的；预料的

37 频

- ☐ 🈁 expected income 预期收入
- ☐ 🈂 State the **expected** observation if the decomposition was
- ☐ incomplete. 如果分解不完全，请说明预期观察结果。

193 **experiment** /ɪk'sperɪmənt/ *n.* 实验；尝试
vi. 做实验；尝试

969 频

- ☐ 🈐 attempt
- ☐ 🈁 animal experiment 动物实验
- ☐ 🈂 Calculate the rate of reaction for each **experiment** and include
this in your table. 计算每个实验的反应速率，并填入表格中。

194 explosion /ɪkˈspləʊʒn/ n. 爆炸；激增；（感情，尤指愤怒）突然爆发

3频

- 用 a population explosion 人口激增
- 例 In a crash, this type of tank could break resulting in the rapid release of hydrogen and an **explosion**. 如果发生了撞车事故，这类储罐可能会破裂，导致氢气迅速释放并发生爆炸。

195 explosive /ɪkˈspləʊsɪv/ adj. 爆炸性的；激增的 n. 炸药，爆炸物

2频

- 用 an explosive device 易爆装置
- 例 A simple spark can set off an **explosive** reaction. 一点点火花会引起爆炸反应。

196 exposed /ɪkˈspəʊzd/ adj. 暴露的，无遮蔽的

4频

- 用 be exposed to sth. 暴露于某物之下
- 例 When a mixture of chlorine and ethane gas is **exposed** to strong sunlight, an explosion can occur due to the fast exothermic reaction. 当氯气和乙烷气体混合物暴露在强烈的阳光下时，由于放热反应迅速，可能会发生爆炸。

197 exposure /ɪkˈspəʊzə(r)/ n. 暴露；曝光；受影响

1频

- 用 the first exposure to city life 第一次受到大城市生活的影响
- 例 People were aware that silver salts darken on **exposure** to light as long ago as the sixteenth century. 早在 16 世纪，人们就发现银盐暴露在阳光下会变暗。

198 expression /ɪkˈspreʃn/ n. 表达式；表达；神情

7频

- 用 freedom of expression 言论自由
- 例 Please provide the equilibrium **expression** for this reaction. 请写出该反应的平衡表达式。

199 **extend** /ɪk'stend/ *v.* 延长；扩大；使达到

☐
☐
☐

用 extend a visa 延长签证

例 **Extend** the tangent to meet the axes of the graph. 延长切线，使其与图中的坐标轴相交。

8频

200 **external** /ɪk'stɜːnl/ *adj.* 外部的；外来的；对外的

☐
☐
☐

用 external debt 外债

例 The position of the equilibrium for this reaction may be altered by changing the **external** conditions. 该反应的平衡位置可以通过外部条件的调整来改变。

8频

201 **extract** /ɪk'strækt/ *vt.* 提取；选取
/'ekstrækt/ *n.* 摘录；提取物

☐
☐
☐

用 extract A from B 从 B 中提取 A

例 Certain bacteria are able to **extract** copper from the 'spoil' heaps of previously mined copper ore. 某些细菌能够从以前开采的铜矿"废渣"中提取铜。

7频

202 **extraction** /ɪk'strækʃn/ *n.* 提取；开采；血统

☐
☐
☐

用 oil extraction 石油开采

例 Which statement about the **extraction** of magnesium is correct? 关于镁的提取，以下哪一选项是正确的？

17频

F

203 factor /ˈfæktə(r)/ *n.* 因素；倍数；系数

12频

☐ 用 deciding factor 决定性因素

☐ 例 The electrolysis of hydrochloric acid demonstrates one **factor** that is important in electrolysis: the concentration of the ions present. 盐酸的电解证明了影响电解过程的一个重要因素：当前的离子浓度。

204 favour /ˈfeɪvə(r)/ *vt.* 有利于；偏袒
　　　　　　　　　　　 n. 恩惠；赞同

6频

☐ 同 advantage (*vt.*)

☐ 用 do sb. a favour 帮某人的忙

☐ 例 What conditions of temperature and pressure would **favour** the reverse reaction? 什么样的温度和压力条件有利于逆反应？

205 feasibility /ˌfiːzəˈbɪləti/ *n.* 可行性

7频

☐ 用 economical feasibility 经济可行性

☐ 例 Predict the effect of increasing the temperature on the **feasibility** of this reaction. 请预测升高温度对该反应可行性的影响。

206 feature /ˈfiːtʃə(r)/ *n.* 特征
　　　　　　　　　　 v. 以……为特色；起重要作用

11频

☐ 同 characteristic (*n.*)

☐ 用 geographical features 地势

☐ 例 Which **feature** applies to the product? 该生成物具有以下哪种特征？

207 **figure** /'fɪgə(r)/ *n.* 图表；数字；形象
v. 计算；认为

2频

- 回 chart (*n.*), diagram (*n.*), calculate (*vt.*)
- 用 a political figure 政治人物
- 例 The results are illustrated in **Figure** 3. 结果如图 3 所示。

208 **fingerprint** /'fɪŋgəprɪnt/ *n.* 指纹；指印

3频

- 用 fingerprint expert 指纹专家
- 例 The table shows different stages in the production of a genetic **fingerprint**. 该表显示了基因指纹形成的不同阶段。

209 **firmly** /'fɜːmli/ *adv.* 牢固地；坚定地

7频

- 用 be firmly convinced 坚信
- 例 Hold a piece of paper towel **firmly** over the top. 将一张纸巾牢牢地固定在上面。

210 **fixed** /fɪkst/ *adj.* 固定的，不变的；执着的

18频

- 回 constant
- 用 fixed income 固定收入
- 例 The rate of the reaction can be determined by measuring the time taken to produce a **fixed** quantity of sulfur. 该反应的速率可以通过测量生产固定数量的硫所需的时间来确定。

211 **fizz** /fɪz/ *vi.* 冒泡
n. 嘶嘶声；气泡；气泡饮料

4频

- 用 the fizz of champagne 香槟的嘶嘶声
- 例 The compound does not **fizz** when added to a solution of sodium hydrogencarbonate. 该化合物加入碳酸氢钠溶液时不会冒泡。

212 **flame** /fleɪm/ *n.* 火焰；鲜红色

  v. 燃烧；（脸）变红

39频

- ⓘ combust (*v.*)
- ⓑ burst into flames 猛地燃烧起来
- ⓔ Do not heat any tube with a naked **flame**. 不要用明火加热任何试管。

213 **flavour** /ˈfleɪvə(r)/ *n.* 味道；气氛

  vt. 给……调味

12频

- ⓑ improve the flavour 改善（增加）风味
- ⓔ The two of the compounds give butter its characteristic **flavour**. 这两种化合物赋予了黄油特有的味道。

214 **flexible** /ˈfleksəbl/ *adj.* 有弹性的；灵活的

4频

- ⓑ flexible working hours 弹性工作时间
- ⓔ Rubber is a **flexible** substance. 橡胶是一种有弹性的物质。

215 **flow** /fləʊ/ *n.* 流动；持续供应

  vi. 流动；（交谈、文章等）流畅

6频

- ⓑ data flow 数据流
- ⓔ Suggest which ions are involved in the ion **flow**. 请说出该离子流涉及了哪些离子。

216 **fluid** /ˈfluːɪd/ *n.* 流体，液体

  adj. 流畅优美的；不稳定的

315频

- ⓑ correction fluid 改正液
- ⓔ **Fluid** is a gas or a liquid that is able to flow. 流体指的是可以流动的气体或液体。

217 **foil** /fɔɪl/ *n.* 箔；陪衬
　　　　　　vt. 制止

- ⊞ aluminium foil 铝箔
- ⑩ In half-cells that do not contain a metal, electrical contact with the solution is made by using platinum wire or platinum **foil** as an electrode. 在不含金属的半电池中，用铂丝或铂箔作为电极与溶液进行电接触。

218 **follow** /'fɒləʊ/ *v.* 遵循；跟随；在……之后发生

17频

- ⊞ follow A with B B 跟着 A
- ⑩ **Follow** the instructions in the box below. 请遵循以下方框中的说明进行操作。

219 **frequently** /'friːkwəntli/ *adv.* 频繁地；经常

7频

- ⊞ frequently used 常用
- ⑩ Stir the solution **frequently**. 频繁地搅拌溶液。

220 **freeze** /friːz/ *v.* 冻结，结冰
　　　　　　n. 停止；严寒期

2频

- ⊞ a freeze on imports 停止进口
- ⑩ Place the mug overnight in a **freezer** to make sure the water is completely **frozen**. 把杯子放在冰箱里过夜，确保水完全冻结。

221 **fume** /fjuːm/ *n.* 雾

10频

- ⊞ fume hood 通风柜
- ⑩ The HCl produced is visible as white **fume**. 生成的氯化氢肉眼可见，成白雾状。

222 **function** /'fʌŋkʃn/ *n.* 作用，功能；函数
　　　　　　　vi. 起作用

8频

- ◎ behave (*vi.*)
- ⊞ fulfil/perform a function 发挥功能
- ⑩ What is the **function** of the hydrochloric acid? 盐酸的作用是什么？

G

223 **generalisation** /ˌdʒenrəlaɪˈzeɪʃn/ n. 概括, 归纳,
概论

4频

🖐 make generalisations about sth. 对某事做出归纳

🖐 A French chemist put forward a **generalisation** on this issue.
一位法国化学家针对这个问题提出了一个概括性的观点。

224 **generate** /ˈdʒenəreɪt/ vt. 产生; 引起

6频

🖐 generate profit 产生利润

🖐 A fuel cell is an electrochemical cell that can be used to
generate electrical energy. 燃料电池是一种可以用来产生电能
的电化学电池。

225 **gentle** /ˈdʒentl/ adj. 温和的; 徐缓的; 平缓的

10频

🖐 a gentle voice 温柔的声音

🖐 The compound was produced under **gentle** heating. 该化合物
是在温和加热的情况下产生的。

226 **gently** /ˈdʒentli/ adv. 温和地, 和缓地

90频

🖐 move gently 轻轻移动

🖐 Heat the crucible very **gently** for 5 minutes.
用文火将坩埚加热 5 分钟。

227 **geometry** /dʒɪˈɒmətri/ n. 几何构型, 空间构型; 几
何 (学)

16频

🖐 analytic geometry 解析几何

🖐 Give the formulae and **geometry** of the
complexes formed. 请给出所形成络合物的化
学式和几何构型。

228 **glowing** /ˈgləʊɪŋ/ *adj.* 带火星的；热情洋溢的

- 用 a glowing report 热情洋溢的报道
- 例 One of the gaseous products relights a **glowing** splint. 其中一种气体生成物能使带火星的木条复燃。

229 **graph** /grɑːf/ *n.* 曲线图；图表；图解

- 回 chart, diagram, figure
- 用 plot a graph 绘制曲线图
- 例 These results show that there is no sharp fall in the **graph** line. 这些结果表明，曲线图中的线条没有出现急剧下降的情况。

H

扫一扫
听本节音频

---

230 halve /hɑːv/ *v.* 减半；把……对半分

2频

- 🎯 halve the price 价格减半
- 🔷 The half-life of a reaction is the time taken for the concentration of a reactant to **halve**. 反应半衰期是反应物浓度减半所需的时间。

---

231 harmful /ˈhɑːmfl/ *adj.* 有害的

18频

- 🎯 be harmful to sb./sth. 对某人 / 某物有害
- 🔷 Lead and oxides of lead are **harmful** by inhalation and if swallowed. 吸入或者吞食铅或铅的氧化物对人体都是有害的。

---

232 hazardous /ˈhæzədəs/ *adj.* 危险的，有害的；冒险的

16频

- 🎯 harmful
- 🎯 a hazardous operation 风险很高的手术
- 🔷 The use of halogenoalkanes is **hazardous** and both gloves and eye protection are necessary. 使用卤代烃时易发生危险，必须戴好手套及眼罩。

---

233 hazard /ˈhæzəd/ *n.* 危险，危害
　　　　　　　　　　　 vt. 冒……的风险；冒失地提出

17频

- 🎯 a fire/safety hazard 火灾 / 安全隐患
- 🔷 All solutions more concentrated than 0.9 mol/dm^3 are classified as health **hazard**. 所有浓度大于 0.9 摩尔每立方分米的溶液都被归类为有害健康的物质。

234 **height** /haɪt/ *n.* 高度；最佳点，最强点

23频

☐ ⊕ 2 metres in height 2 米高

☐ ⑩ The **height** of the peak decreases and the activation energy moves to the left. 峰高减小，活化能左移。

☐

235 **hence** /hens/ *adv.* 从而，因此

78频

☐ ⑩ By working out how much water was lost you will be able to calculate the relative formula mass of $M_2CO_3 \cdot 10H_2O$ and **hence** identify *M*. 通过计算水的损失量，就可以算出 $M_2CO_3 \cdot 10H_2O$ 的相对分子质量，从而确定 *M*。

☐

☐

236 **holder** /ˈhəʊldə(r)/ *n.* 支托物；持有人

271频

☐ ⊕ copyright holder 版权持有者

☐ ⑩ Use a test-tube **holder** to hold the tube. 用试管夹子夹住试管。

☐

I

237 **identical** /aɪ'dentɪkl/ adj. 相同的

15频

- 🏮 be identical with sth. 与某物相同
- 🔵 The DNA in almost every cell in our body is **identical**. 我们体内几乎每个细胞的 DNA 都是相同的。

238 **identify** /aɪ'dentɪfaɪ/ v. 确认，鉴别；发现；认同

466频

- 🏮 identify with sb. 与某人产生共鸣
- 🔵 **Identify** what the four letters A-D in the above diagram represent. 请确认上图中的四个字母 A 到 D 代表什么。

239 **ignite** /ɪg'naɪt/ v. 点燃；激起

2频

- 🏮 ignite one's interest 激起某人的兴趣
- 🔵 If the fuel is too difficult to **ignite**, then the engine will be difficult to start, especially on cold mornings. 如果燃料太难点燃，那么发动机将很难启动，特别是在寒冷的早晨。

240 **illustrate** /'ɪləstreɪt/ v. （用示例、图表等）说明，解释；证明；举例

19频

- 🔵 describe
- 🏮 illustrate a book 给书加上插图或图表
- 🔵 Draw a diagram to **illustrate** your answer. 画图表来说明你的答案。

241 **image** /'ɪmɪdʒ/ n. 图像；形象；意象

3频

- 🏮 personal image 个人形象
- 🔵 The two different molecules are mirror **images** of each other. 这两个不同的分子是彼此的镜像。

242 **immediately** /ɪˈmiːdiətli/ adv. 立即；直接地

conj. 一……就

72频

- 用 reply immediately 快速回复
- 例 Add the contents of the measuring cylinder to the beaker and start timing **immediately**. 将量筒中的物质添加到烧杯中，并立即开始计时。

243 **immerse** /ɪˈmɜːs/ vt. 使浸没；沉浸

9频

- 用 be immersed in sth. 沉浸于某事
- 例 Tilt the cup if necessary to ensure the thermometer bulb is fully **immersed**. 必要时将杯子倾斜，确保温度计的玻璃泡被完全浸没。

244 **impact** /ˈɪmpækt/ n. 巨大影响；撞击

/ɪmˈpækt/ v. 有影响；撞击

2频

- 近 affect (vt.)
- 用 the impact of A on B A 对 B 的影响
- 例 Acid rain can have a major **impact** on natural waters, particularly lakes. 酸雨可能会对自然水域造成严重影响，特别是湖泊。

245 **improve** /ɪmˈpruːv/ v. 提高，改善，改进

21频

- 用 improve one's health 改善健康
- 例 State one way to **improve** the accuracy of the experiment. 请说出一种可以提高实验准确性的方法。

246 **improvement** /ɪmˈpruːvmənt/ n. 改进，改善；

促进

38频

- 用 improvement in/on/upon sth. 对某事（物）的改进
- 例 State one **improvement** you could make to the experimental procedure to improve its accuracy. 请说出你可以对实验过程进行的一项可以提高准确性的改进方式。

247 **impure** /ɪm'pjʊə(r)/ *adj.* 不纯的，掺杂的

56频

⊕ impure gold 不纯的金子

例 Weigh the tube containing the **impure** calcium carbonate. 为装有不纯碳酸钙的试管称重。

248 **inaccuracy** /ɪn'ækjərəsi/ *n.* 不准确，不精确

6频

⊕ numerical inaccuracy 数值不准确

例 Identify the major source of **inaccuracy** of measurement in this reaction. 请找出此反应中导致测量不准确的主要原因。

249 **inaccurate** /ɪn'ækjərət/ *adj.* 不精确的；不准确的；有错误的

3频

⊕ inaccurate information 不准确的信息

例 A student carried out the method below and obtained **inaccurate** results. 一名学生使用了下面中的方法，得出的结果不准确。

250 **include** /ɪn'kluːd/ *vt.* 包括，含有，算入

556频

⊜ contain

⊕ include A as/in/on B 使 A 成为 B 的一部分

例 Your table of results on page 4 should **include** the rate of reaction for each experiment. 第四页的结果表中应包括每个试验的反应速率。

251 **increase** /ɪn'kriːs/ *n. & v.* 增加，增多

175频

⊕ increase the price by 50% 将价格提高 50%

例 An **increase** in temperature of 10℃ will double the rate of reaction. 温度升高 10 摄氏度将使反应速度加倍。

252 **incredibly** /ɪn'kredəbli/ *adv.* 极其；难以置信地

1频

⊕ incredibly difficult 极其困难

例 The mass of a single hydrogen atom is **incredibly** small. 单个氢原子的质量极小。

253 **independent** /ˌɪndɪˈpendənt/ *adj.* 自主的
n. 无党派人士

16 频

- 用 **independent**-minded people 有主见的人们
- 例 Identify the **independent** variable in Experiment 2. 找出试验 2 中的自变量。

254 **individual** /ˌɪndɪˈvɪdʒuəl/ *adj.* 单个的；独特的
n. 个人

17 频

- 同 characteristic (*adj.*)
- 用 **individual** personality 独特个性
- 例 An **individual** enzyme operates best at a specific pH. 单个酶在特定 pH 值下可以达到最佳效果。

255 **industry** /ˈɪndəstri/ *n.* 工业；行业；勤奋

18 频

- 用 heavy/light **industry** 重 / 轻工业
- 例 In **industry**, copper metal is purified by electrolysis. 在工业上，铜金属是通过电解提纯的。

256 **influence** /ˈɪnfluəns/ *vt.* 影响；支配
n. 影响；影响力

2 频

- 同 affect (*vt.* & *n.*), impact (*v.* & *n.*)
- 用 **influence** on/upon sb./sth 对某人或某事物的影响
- 例 What factors **influence** the speed of a reaction? 影响反应速度的因素有哪些？

257 **ingredient** /ɪnˈɡriːdiənt/ *n.* 成分；要素；原料

8 频

- 同 constituent
- 用 **ingredient** of/in/for sth. 某物的成分或原料
- 例 Compound M is an important **ingredient** in perfume. 化合物 M 是香水的重要成分。

258 **inhale** /ɪnˈheɪl/ *v.* 吸入，吸气

5频

🔵 inhale second-hand smoke 吸二手烟

🔴 Nitrogen oxide must not be **inhaled**. 切勿吸入氮氧化物。

259 **initial** /ɪˈnɪʃl/ *adj.* 初始的，最初的
n. 首字母

206频

🔵 initial payment 首期付款

🔴 Please calculate the **initial** rate of reaction. 请计算反应的初始速率。

260 **inner** /ˈɪnə(r)/ *adj.* 内部的；内心的，未表达出来的

7频

🔵 inner sense of security 内心的安全感

🔴 The Earth's magnetic field is produced by the liquid and solid iron and nickel in the outer and **inner** core of the planet. 地球磁场是由地球外核和内核中的液态及固态铁和镍产生的。

261 **insoluble** /ɪnˈsɒljəbl/ *adj.* 不能溶解的；不能解决的

1378频

🔵 be insoluble in sth. 不溶于某物

🔴 Silicon dioxide is **insoluble** in water. 二氧化硅不溶于水。

262 **instantaneous** /ˌɪnstənˈteɪniəs/ *adj.* 瞬间的，立即的

10频

🔵 instantaneous dipole 瞬时偶极

🔴 The reaction is almost **instantaneous** at room temperature. 该反应在室温下几乎是瞬时的。

263 **instead** /ɪnˈsted/ *adv.* 代替；反而，却

45频

🔵 instead of... 代替……，而不是……

🔴 What will happen if the experiment is carried out in a 250 cm^3 beaker **instead** of a 100 cm^3 beaker? 如果实验在 250 立方厘米的烧杯中进行，而不是在 100 立方厘米的烧杯中进行，会发生什么情况？

264 instruction /ɪnˈstrʌkʃn/ n. 操作说明；指示；传授

517频

- ⊕ carry out one's instructions 执行某人的命令
- ⑩ Always read through all of the **instructions** before carrying out the tests. 在进行测试之前，请务必通读所有说明。

265 intense /ɪnˈtens/ adj. 浓烈的，强烈的；紧张的

3频

- ⊕ intense competition 激烈的竞争
- ⑩ The more concentrated the complex ion solution is, the more **intense** its colour will be, and so the higher the absorbance. 络合离子溶液浓度越高，颜色越浓，吸光度越高。

266 interfere /ˌɪntəˈfɪə(r)/ v. 干扰，干涉，介入

4频

- ⊕ interfere in the internal affairs 干涉内政
- ⑩ Carbon monoxide (CO) is toxic because it **interferes** with the transport of oxygen by our red blood cells. 一氧化碳（CO）是有毒的，因为它会干扰红细胞对氧气的运输。

267 interpretation /ɪnˌtɜːprəˈteɪʃn/ n. 解释，阐释；演绎

1频

- ⊕ full-bodied interpretation 全身心演绎
- ⑩ Draw conclusions from **interpretations** of observations and data. 通过对观察结果及相关数据进行解释来得出结论。

268 intersect /ˌɪntəˈsekt/ v. 交叉；横穿

9频

- ⊕ intersect at right angles 垂直相交
- ⑩ Using these points, draw two straight lines that **intersect**. 用这些点绘制两条相交的直线。

269 invert /ɪnˈvɜːt/ vt. 倒置

9频

- ⊕ invert the plate 将盘子倒过来
- ⑩ **Invert** the flask for a few times to mix the solution thoroughly. 将烧瓶多次倒置，使溶液充分混合。

270 inverted /ɪnˈvɜːtɪd/ adj. 倒置的，反向的

14频

- 用 inverted triangle 倒三角
- 例 Place the end of the delivery tube into the **inverted** 250 cm³ measuring cylinder. 将输液管末端放入倒置的 250 立方厘米的量筒中。

271 investigate /ɪnˈvestɪgeɪt/ v. 研究；调查

69频

- 圆 examination (n.)
- 用 investigate sb. for sth. 因某事调查某人
- 例 You will carry out a series of experiments to **investigate** how the rate of this reaction is affected by changing the concentration of the solutions. 你将进行一系列实验来研究改变溶液浓度对此反应速率的影响。

272 investigation /ɪnˌvestɪˈgeɪʃn/ n. 研究；调查

18频

- 圆 examination
- 用 murder investigation 凶案调查
- 例 Suggest two ways to improve the accuracy of the results for this **investigation**. 请说出两种可以提高本次研究准确性的方法。

273 invisible /ɪnˈvɪzəbl/ adj. 看不见的；隐形的，无形的

11频

- 用 invisible earnings 无形收益
- 例 The smoke particles are hit by the **invisible** molecules in the air. 烟雾微粒被空气中看不见的分子击中。

274 irritant /ˈɪrɪtənt/ n. 刺激物；令人烦恼的事物
adj. 刺激性的

7频

- 用 irritant chemical 刺激性化学品
- 例 The product of the reaction is a strong **irritant** to the eyes. 该反应的产物对眼睛有很强的刺激性。

275 **irritating** /ˈɪrɪteɪtɪŋ/ *adj.* 有刺激性的；气人的

11 频

- ☐ 🔁 be irritating to sth. 对某物有刺激性
- ☐ 🔁 The substance is **irritating** to eyes and skin. 这种物质对眼睛
- ☐ 和皮肤有刺激性。

276 **isolate** /ˈaɪsəleɪt/ *vt.* 分离，离析；隔离

8 频

- ☐ 🔁 dissociate, divide
- ☐ 🔁 isolate A from B 隔离 A 与 B
- ☐ 🔁 Heat with KCN in ethanol and **isolate** the organic product. 用
  氰化钾在乙醇中加热，分离出有机产物。

277 **issue** /ˈɪʃuː/ *n.* 问题；议题
　　　　　　　　　　　　　 v. 发布；发行

130 频

- ☐ 🔁 issue a set of stamps 发行一套邮票
- ☐ 🔁 CFCs have caused a serious environmental **issue**. 氯氟烃已经
- ☐ 造成了严重的环境问题。

J

扫一扫
听本节音频

278 **judge** /dʒʌdʒ/ *v.* 判断；估计；审判

n. 法官

`2 频`

☐ 🌐 federal judge 联邦法院法官

☐ 📝 We can use the pH, the conductivity or the rate of a particular
reaction to help us **judge** the extent of ionisation. 我们可以利
用 pH 值、电导率或特定反应的速率来判断电离的程度。

279 **justify** /'dʒʌstɪfaɪ/ *v.* 证明……正确（或正当、有理）；

声明无罪；调整（打印文本）

`11 频`

☐ 🔄 evidence

☐ 🌐 justify sth. to sb. 向某人辩解某事

☐ 📝 **Justify** your answer using your results from the experiment
above. 用上面试验中的结果证明你的答案是正确的。

L

扫一扫
听本节音频

280 **lab** /læb/ *n.* 实验室

9 频

- 🖐 lab technician 实验室技术员
- 📝 Describe one relevant precaution, other than eye protection and a **lab** coat. 除了眼罩和实验室外褂，请说出一种相关的预防措施。

281 **label** /'leɪbl/ *n.* 标签；（不恰当的）称谓
　　　　　　　　　　　　　　 vt. 贴标签于

181 频

- 🖐 label A with B 把 A 称为 B
- 📝 The operation instructions are on the **label**. 操作说明在标签上。

282 **laboratory** /lə'bɒrətri/ *n.* 实验室

274 频

- 🖐 laboratory test 实验室测试
- 📝 Suggest what reagent and conditions would be used in a **laboratory** in step 2. 请说出实验室步骤 2 中使用什么试剂和条件。

283 **layer** /'leɪə(r)/ *n.* 层；层次
　　　　　　　　　　 v. 分层放置

11 频

- 🖐 protective layer 保护层
- 📝 Scientists are concerned about the depletion of the ozone **layer**. 科学家们担心臭氧层的耗竭。

284 leak /liːk/ n. 泄漏；裂缝
v.（气体、液体、机密等）泄漏

`2频`

- 用 a gas leak 煤气泄漏
- 例 Radioactive isotopes can be used to check for **leaks** in oil or gas pipelines. 放射性同位素可以用来检查石油或天然气管道的泄漏。

285 length /leŋθ/ n. 长度

`7频`

- 用 at length 详尽地；经过一段长时间以后
- 例 To each solution, add an approximately 2 cm **length** of magnesium ribbon. 往每种溶液加入大约 2 厘米长的镁带。

286 liberate /ˈlɪbəreɪt/ vt. 释放；解放，使自由

`450频`

- 用 liberate A from B 将 A 从 B 中解放出来
- 例 Calculate the mass and/or volume of substance **liberated** during electrolysis. 计算电解过程中释放出的物质的质量和 / 或体积。

287 lid /lɪd/ n. 盖子；限制

`118频`

- 用 keep a/the lid on sth. 保守秘密；把某事控制住
- 例 Record the mass of an empty crucible without its **lid**. 记录无盖空坩埚的质量。

288 lightning /ˈlaɪtnɪŋ/ n. 闪电
adj. 飞快的，突然的

`6频`

- 用 a flash of lightning 一道闪电
- 例 Nitrogen and oxygen react together in the air during **lightning** strikes to form nitrogen monoxide. 在闪电作用下，氮气和氧气在空气中发生反应，生成一氧化氮。

289 limitation /ˌlɪmɪˈteɪʃn/ n. 限制，局限

2频

- ⊕ limitation on sth. 对某事加以限制
- ⑩ Explain a possible **limitation** of gas/liquid chromatography in separating two esters. 解释气相／液相色谱法在分离两种酯时可能存在的限制。

290 limit /ˈlɪmɪt/ n. 界限；限度；范围
vt. 限制

2频

- ⊕ time/speed/age limit 时间／速度／年龄限制
- ⑩ On the scale shown in metres, mark the upper and lower **limits** of the range of sizes for nanoparticles. 在以米为单位的刻度上，标记纳米粒子尺寸范围的上限和下限。

291 linear /ˈlɪniə(r)/ adj. 线状的；线性的；长度的

10频

- ⊕ linear equation 线性方程
- ⑩ The diamminesilver cation has a **linear** structure. 二氨合银阳离子具有线状结构。

292 lining /ˈlaɪnɪŋ/ n. 内衬，衬里；膜

12频

- ⊕ furnace lining 炉衬
- ⑩ The non-stick **lining** of pans is a 'fluoropolymer'. 平底锅的不粘衬里是一种"含氟聚合物"。

293 linkage /ˈlɪŋkɪdʒ/ n. 键；连接；联动装置

2频

- ⓒ connect [v.]
- ⊕ establish linkages between A and B 在 A 与 B 之间建立联系
- ⑩ Nylon is a synthetic macromolecule which is held together by the same **linkage** as protein molecules. 尼龙是一种合成的大分子，它通过与蛋白质分子中相同的键连接在一起。

294　liquid /ˈlɪkwɪd/ n. 液体
adj. 液态的；（资产）易变现的；清澈的

160 频

- 圆 fluid (n.)
- 用 liquid nitrogen 液态氮
- 例 Pour the clear **liquid** into a 100 cm^3 beaker, leaving the solids behind. 将清澈的液体倒入 100 立方厘米的烧杯中，留下固体。

295　location /ləʊˈkeɪʃn/ n. 位置；定位

5 频

- 用 the exact location 确切地点
- 例 The number of protons in the atom determines the element's **location** on the periodic table of elements. 原子中的质子数决定了元素在元素周期表上的位置。

296　lump /lʌmp/ n. 块；肿块
vi. 成块　vt. 把……归并到一起

2 频

- 用 lump A with B 把 A 和 B 归并到一起
- 例 These limestone **lumps** are used extensively in numerous industries. 这些石灰石块在许多工业中有着广泛的用处。

M

297 magnitude /'mæɡnɪtjuːd/ *n.* 大小；数量级；重要性

9 频

- ⊞ be of great magnitude 非常重要
- ⑩ What is the order of **magnitude** for these three equilibrium constants? 这三个平衡常数的大小如何排序？

298 major /'meɪdʒə(r)/ *adj.* 主要的；严重的
n. 主修课程

76 频

- ⓒ central (*adj.*)
- ⊞ play a major role 起重要作用
- ⑩ Explain why S is the **major** product of the reaction. 请解释为什么 S 是该反应的主要产物。

299 manufacturer /ˌmænjuˈfæktʃərə(r)/ *n.* 生产商，
制造商

4 频

- ⊞ car manufacturer 汽车制造商
- ⑩ **Manufacturers** sometimes add antioxidants to fatty foods and oils to prevent oxidation. 生产商有时会在高脂肪食品和油脂中添加抗氧化剂以防止氧化。

300 marble /'mɑːbl/ *n.* 大理石；玻璃弹子

13 频

- ⊞ marble floor 大理石地板
- ⑩ Dilute hydrochloric acid reacts with **marble** chips. 稀盐酸与大理石碎片发生反应。

301 **mark** /mɑːk/ *v.* 做标记；标志着
　　　　　　　　　　n. 记号；分数

160 频

- 🔄 label
- 🔗 punctuation marks 标点符号
- 📝 **Mark** clearly where the end point occurs. 清楚地标出终点所在的位置。

302 **mass** /mæs/ *n.* 质量；大量；群众
　　　　　　　　　adj. 大量的

1452 频

- 🔗 mass production 批量生产
- 📝 Use these data to calculate the relative atomic **mass** of the sample of lead to two decimal places. 用这些数据计算铅样品的相对原子质量，精确到百分位。

303 **maximum** /ˈmæksɪməm/ *adj.* 最高的，最大极限的
　　　　　　　　　　　　　n. 最大量，最大限度

261 频

- 🔗 to the maximum 最大限度地
- 📝 The **maximum** temperature recorded was 30.0℃ . 记录到的最高温度为 30.0 摄氏度。

304 **measure** /ˈmeʒə(r)/ *v.* 测量；判定
　　　　　　　　　　　n. 措施；程度

299 频

- 🔄 degree (*n.*)
- 🔗 safety measures 安全措施
- 📝 **Measure** and record the temperature. 测量并记录温度。

305 **measurement** /ˈmeʒəmənt/ *n.* 测量；尺寸，长度

15 频

- 🔗 waist measurement 腰围
- 📝 To make sure that the volume of gas measured is accurate, what should you do before taking the **measurement**? 为了确保气体测量的准确性，在测量之前你应该做些什么？

306 **medicine** /ˈmedsn/ *n.* 医学；药物

9频

- 用 Chinese herbal medicines 中国草药
- 例 Specific radioisotopes can be used in **medicine** to treat some types of cancer. 某些特定放射性同位素可用于医学中，治疗某些类型的癌症。

307 **method** /ˈmeθəd/ *n.* 方法；条理

400频

- 同 approach
- 用 effective method 有效的方法
- 例 The **method** could also be adapted to compare the heat produced by the same mass of different solid fuels. 这个方法还可以用来比较相同质量的不同固体燃料产生的热量。

308 **mild** /maɪld/ *adj.* 轻度的；温和的；淡味的
            n. 淡味啤酒

9频

- 同 gentle (*adj.*)
- 用 mild climate 温和的气候
- 例 Both compounds can undergo **mild** oxidation. 两种化合物都可以进行轻度氧化。

309 **minimise** /ˈmɪnɪmaɪz/ *vt.* 使减少到最低限度；使显
                得不重要

6频

- 反 maximise 使增加到最大限度
- 例 How could you **minimise** acid spraying out of the beaker? 如何最大限度地减少酸从烧杯里溅出的量？

310 **minute** /ˈmɪnɪt/ *n.* 分钟；一会儿；时刻
            vt. 把……记录在案

351频

- 用 not for a/one minute 当然不；绝不
- 例 Remove the lid and continue heating gently for about three **minutes**. 打开盖子，用文火继续加热约三分钟。

311 **model** /ˈmɒdl/ n. 模型；范例；样式
v. 做模型

☐ 7频
☐ ⊞ plum pudding model 枣糕模型，葡萄干布丁模型
☐ 例 The **model** of the nuclear atom was first proposed by Ernest Rutherford. 有核原子模型最早是由欧内斯特·卢瑟福提出的。

312 **moderate** /ˈmɒdərət/ adj. 中等的；不偏激的；合理的
v. 缓和

☐ 17频
☐ ⊞ moderate exercise 适度的锻炼
☐ 例 Copper sulfate solution is classified as a **moderate** hazard. 硫酸铜溶液被归为中等危险品。

313 **modern** /ˈmɒdn/ adj. 现代的；最新的；时髦的

☐ 15频
☐ ⊞ modern art 现代艺术
☐ 例 Nitrogenous fertilisers are used extensively in **modern** farming. 氮肥在现代农业中的应用很广泛。

314 **modification** /ˌmɒdɪfɪˈkeɪʃn/ n. 改进，修改

☐ 13频
☐ 回 correction
☐ ⊞ considerable modification 大改
☐ 例 Suggest a **modification** to the experimental method used in order to give larger changes in temperature. 请对所用的实验方法进行改进，使得温度有更大的变化。

315 **modify** /ˈmɒdɪfaɪ/ v. 改善，改进；修饰

☐ 8频
☐ 回 improve, adjust
☐ 例 Catalytic converters are used to **modify** exhaust emissions from motor vehicles. 催化转化器是用来改善机动车尾气排放的。

316 **moist** /mɔɪst/ *adj.* 潮湿的；湿润的；感伤的

2频

- 🔄 damp
- 🔗 moist soil 湿润的土壤
- 📝 In **moist** air, copper corrodes to produce a green layer on the surface. 在潮湿的空气中，铜会被腐蚀，在表面形成一层绿色的物质。

317 **moisture** /ˈmɔɪstʃə(r)/ *n.* 水分，潮气

2频

- 🔗 natural moisture 天然水分
- 📝 Lithium is usually stored under oil because it reacts rapidly with **moisture** and oxygen in the air. 锂通常储存在油中，因为它与空气中的水分和氧气接触后会迅速发生反应。

318 **monitor** /ˈmɒnɪtə(r)/ *v.* 监控；检查
n. 显示器；监测器

2频

- 🔗 heart monitor 心脏监测器
- 📝 The progress of the reaction can be **monitored** using a polarimeter. 反应的进度可以通过旋光仪进行监控。

319 **motion** /ˈməʊʃn/ *n.* 运动，移动；提议
v. 示意

1频

- 🔗 Newton's laws of motion 牛顿运动定律
- 📝 The random **motion** produced by these hits can be seen under a microscope. 由这些撞击所产生的随机运动可以在显微镜下看到。

320 **mould** /məʊld/ *n.* 霉菌；模具
vt. 塑造；对……影响重大

3频

- 🔗 mould A into B 将 A 塑造成 B
- 📝 Sorbic acid is used as a food preservative because it kills fungi and **moulds**. 山梨酸被用作食品防腐剂，因为它能杀死真菌和霉菌。

321 **movement** /ˈmuːvmənt/ *n.* 运动；迁移；（工作的）
进展

16频

- 近 advance
- 用 peace movement 和平运动
- 例 State what is happening to the energy and **movement** of the particles in the copper during stage *X*. 请说明在 *X* 阶段铜中粒子的能量和运动情况如何。

322 **multiple** /ˈmʌltɪpl/ *adj.* 数量多的
n. 倍数

120频

- 用 multiple entry visa 多次入境签证
- 例 Exam papers have different types of questions, including **multiple** choice, structured questions and practical questions. 试卷有不同类型的试题，包括选择题、结构化试题和应用题。

N

323 **naked** /'neɪkɪd/ *adj.* 裸露的，无遮盖的；直白的

2 频

- 用 naked truth 赤裸裸的事实
- 例 Do not heat any tube with a **naked** flame. 不要用明火加热任何试管。

324 **naturally** /'nætʃrəli/ *adv.* 天然地；天生地

53 频

- 用 be naturally artistic 有艺术天赋
- 例 Alkaloids are **naturally**-occurring compounds that act as bases. 生物碱是一种天然存在的化合物，起碱的作用。

325 **note** /nəʊt/ *vt.* 注意；特别提到
　　　　　　　　　n. 记录；注释

272 频

- 用 make a note 做笔记
- 例 After 30 minutes a difference was **noted** between the distilled water in the two sides of the U-tube. 30 分钟后，U 型管两侧的蒸馏水出现差异。

O

---

326 obey /ə'beɪ/ *v.* 遵循，遵守，服从

1 频

- 🔄 follow
- 🔗 obey the rule 遵守规则
- 📝 The gas **obeys** the ideal gas equation pV = nRT. 该气体遵循理想气体定律 PV = nRT（压强 × 气体体积 = 物质的量 × 气体常数 × 绝对温度）。

---

327 object /'ɒbdʒɪkt/ *n.* 物体；对象；目标
              /əb'dʒekt/ *v.* 反对

1 频

- 🔗 object to sth. 反对某事
- 📝 Radiocarbon dating can be used to date wooden and organic **objects**. 放射性碳定年可用于测定木材和有机物体的年代。

---

328 obscure /əb'skjʊə(r)/ *vt.* 使模糊；使隐晦
               adj. 费解的；鲜为人知的

4 频

- 🔗 an obscure poet 一位名不见经传的诗人
- 📝 Do not **obscure** the label on the tube. 不要模糊试管上的标签。

---

329 observation /ˌɒbzə'veɪʃn/ *n.* 观察；评论

188 频

- 🔄 comment
- 🔗 observation about/on sth. 对某事的评论
- 📝 Carry out your tests and record your **observations**. 进行测试并记录观察结果。

330 **observe** /əb'zɜ:v/ *v.* 观察；遵守；评论；庆祝

32 频

- 用 observe speed restrictions 遵守限速规定
- 例 **Observe** until no further change occurs, then warm the mixture, gently and carefully. 一直观察，直到反应停止，然后用文火小心地加热混合物。

331 **obtainable** /əb'teɪnəbl/ *adj.* 可获得的

3 频

- 用 obtainable information 可获得的信息
- 例 Many drugs and flavours once **obtainable** only from plants can now be made using genetically modified organisms. 许多以前只能从植物中获得的药物和香料现在可以使用转基因生物来制造。

332 **obtain** /əb'teɪn/ *v.* 获得；存在，流行

343 频

- 用 obtain permission 获得许可
- 例 The following results were **obtained** by the student. 该学生获得了以下结果。

333 **occupy** /'ɒkjupaɪ/ *vt.* 占据；侵占；任职

5 频

- 用 occupy sb. in doing sth. 使某人忙于做某事
- 例 Under these conditions the mixture was found to **occupy** a volume of 200 cm³. 在这些条件下，混合物占据的体积为 200 立方厘米。

334 **occur** /ə'kɜ:(r)/ *vi.* 发生，出现；存在于

355 频

- 近 appear
- 用 occur to sb. 出现在某人的头脑中
- 例 The reaction **occurs** by two different mechanisms at the same time. 该反应以两种不同的机制同时发生。

335 **odour** /'əʊdə(r)/ *n.* 气味

4 频

- 用 a foul odour 难闻的气味
- 例 An ester with an **odour** of banana has the following formula. 一种香蕉味的酯具有如下化学式。

336 **opportunity** /ˌɒpəˈtjuːnəti/ *n.* 机会

271 频

- 用 at the earliest opportunity = as soon as possible 尽早
- 例 There are many great **opportunities** now for students who want to study abroad. 对于想要出国留学的学生来说，现在有很多好机会。

337 **oppose** /əˈpəʊz/ *v.* 阻挠，反对

1 频

- 同 object
- 用 oppose doing sth. 反对做某事
- 例 When the equilibrium conditions are changed, the reaction always tends to **oppose** the change and act in the opposite direction. 当平衡条件改变时，反应会朝着相反的方向阻挠这种改变的发生。

338 **option** /ˈɒpʃn/ *n.* 选项；选择；期权

1 频

- 同 choose (*v.*)
- 用 keep/leave your options open 保留选择余地；暂不决定
- 例 Choose the answer or answers from the **options** listed. 从列出的选项中选出答案。

339 **ordinate** /ˈɔːdɪnət/ *n.* 纵坐标

1 频

- 反 abscissa 横坐标
- 用 ordinate set 纵标集
- 例 The dependent variable is plotted on the **ordinate**. 因变量绘制在纵坐标上。

340 **original** /əˈrɪdʒənl/ *adj.* 原来的；独创的
　　　　　　　　　　　　　　　n. 原件，正本

25 频

- 同 initial (*adj.*)
- 用 original ideas 创意
- 例 The solution reverts to its **original** colour when it is diluted with water. 用水稀释后，溶液恢复到原来的颜色。

341 outwards /ˈaʊtwədz/ adv. 向外地

1频

- 反 inwards adv. 向内地
- 例 Factories were spreading **outwards** from the old heart of the town. 工厂从旧城中心向外扩展。

342 overcome /ˌəʊvəˈkʌm/ v. 克服；战胜；使软弱

15频

- 用 overcome difficulties 克服困难
- 例 Give two possible reasons for these differences and explain how the student could have **overcome** these problems. 请说出两个可能造成这些差异的原因，并说明学生如何克服这些问题。

343 overhead /ˌəʊvəˈhed/ adj. 架空的，高架的；经费的 adv. 在空中

2频

- 用 overhead costs 运营开支
- 例 A common use of aluminium is to make the conducting cables in long distance **overhead** power lines. 铝常常被用作长距离架空电力线中的导线。

344 overlap /ˌəʊvəˈlæp/ n. 重叠部分 v. 交叠，使部分重叠

7频

- 用 overlap with sth. 与某事（在范围方面）部分重叠
- 例 Which diagram represents the **overlap** of two orbitals which will form a π bond? 哪一个图表示将形成 π 键的两个轨道的重叠部分？

345 overuse /ˌəʊvəˈjuːs/ n. & vt. 过度使用；滥用

1频

- 用 overused words 陈词滥调
- 例 Our potentially renewable resources are being affected by **overuse** and pollution. 我们的潜在可再生资源正受到过度使用和污染的影响。

32 频

☐　⊞ ozone hole 臭氧层空调

☐　⊛ The **ozone** layer protects the Earth by absorbing harmful UV
☐　　radiation arriving from the Sun. 臭氧层可以吸收来自太阳的有
　　　害紫外线辐射，从而保护地球。

P

---

347 **pack** /pæk/ *v.* 堆积；包裹

              n. 包装；一群

6频

- ⊙ enclose (*vt.*)
- ⊕ be packed with sth. 有大量的某物
- ⑩ In some metals the ions are less closely **packed**. 在某些金属中，离子的堆积不那么紧密。

---

348 **particle** /'pɑːtɪkl/ *n.* 粒子；微粒，颗粒

67频

- ⊕ dust particles 尘埃
- ⑩ *X* is a **particle** with 18 electrons and 20 neutrons. *X* 是一个有 18 个电子和 20 个中子的粒子。

---

349 **passage** /'pæsɪdʒ/ *n.* 传递；通道；过渡

2频

- ⊙ communication
- ⊕ an underground **passage** 地下通道
- ⑩ PEG can form bonds to slow the **passage** of the drug around the body. 聚乙二醇可以形成键来减缓药物在体内的传递。

---

350 **pathway** /'pɑːθweɪ/ *n.* 路径；小路；弹道

59频

- ⊕ come up the pathway 沿路走来
- ⑩ What is the correct reaction **pathway** diagram for this reaction? 该反应的正确反应路径图是什么？

---

351 **pattern** /'pætn/ *n.* 模式；典范；式样

9频

- ⊕ an irregular sleeping pattern 不规律的睡眠模式
- ⑩ Anomalous result is a result that does not follow an established **pattern**. 异常结果是指不遵循既定模式的结果。

352 **percentage** /pə'sentɪdʒ/ *n.* 百分比；提成

389 频

- ⊕ have a high percentage of sth. 某物的含量较高
- ⑩ Calculate the **percentage** by mass of aluminium in the alloy. 计算合金中铝的质量百分比。

353 **permission** /pə'mɪʃn/ *n.* 批准，许可

271 频

- ⓔ clearance
- ⊕ permission to do sth. 做某事的许可
- ⑩ The authorities have refused **permission** for the demonstration to take place. 当局拒绝批准示威活动。

354 **pesticide** /'pestɪsaɪd/ *n.* 农药，杀虫剂

9 频

- ⊕ organic pesticide 有机农药
- ⑩ **Pesticides** are substances that are meant to control pests, including weeds. 农药是用来控制害虫及杂草的物质。

355 **phrase** /freɪz/ *n.* 措辞，短语
vt. 叙述，表达

3 频

- ⓔ expression (*n.*)
- ⊕ a carefully phrased remark 措辞谨慎的话语
- ⑩ You should avoid the use of vague **phrases** such as 'high temperature'. 请避免使用诸如"高温"这样含糊的措辞。

356 **place** /pleɪs/ *vt.* 放置 *v.* 排名
n. 地点，位置

27 频

- ⓔ location (*n.*)
- ⊕ in place 在正确的位置；准备妥当
- ⑩ **Place** a tick in the appropriate column. 在恰当的列中打钩。

357 **planning** /ˈplænɪŋ/ *n.* 设计，规划

40频

- ⊕ financial planning 财政计划
- ⑩ This paper focuses on the practical skills of **planning**, analysis and evaluation. 这张试卷着重考察实践技能，包括设计、分析和评估。

358 **poisonous** /ˈpɔɪzənəs/ *adj.* 有毒的；邪恶的

5频

- ⊕ poisonous snakes 毒蛇
- ⑩ Which substance does not produce a **poisonous** gas, when burnt in a limited amount of air? 哪种物质在有限的空气中燃烧时不会产生有毒气体？

359 **pollutant** /pəˈluːtənt/ *n.* 污染物

18频

- ⊕ air pollutant 空气污染物
- ⑩ Total removal of the **pollutant** sulfur dioxide, SO_2, is difficult, both for economic and technical reasons. 无论是从经济还是技术方面而言，完全消除污染物二氧化硫（SO_2）都是一件很困难的事。

360 **pollution** /pəˈluːʃn/ *n.* 污染；污染物

7频

- ⊜ contaminate (*v.*)
- ⊕ water pollution 水污染
- ⑩ For each of these oxides, identify the type of **pollution** caused and describe one consequence of this **pollution**. 请说明每种氧化物所造成的污染类型，并描述每种污染所对应的一个后果。

361 **portion** /ˈpɔːʃn/ *n.* 部分；一份
vt. 把……分成若干份；分配

30频

- ⊜ dose (*n.*)
- ⊕ a small portion of sth. 某事（物）的一小部分
- ⑩ When the solid has dissolved, add the remaining **portion** of copper oxide. 当固体溶解后，加入氧化铜的剩余部分。

362 **position** /pəˈzɪʃn/ *n.* 位置；姿势；处境
　　　　　　　　　　　　 vt. 使处于

> 45 频

☐ 🔵 place (*n.*)
☐ 🔴 declare one's position 表明立场
☐ 🟡 Changes in both concentration and temperature affect the **position** of equilibrium. 浓度和温度的变化都会影响平衡位置。

363 **positive** /ˈpɒzətɪv/ *adj.* 阳性的；乐观的；正数的
　　　　　　　　　　　　　 n. 优势

> 119 频

☐ 🔵 advantage (*n.*)
☐ 🔴 positive attitude 乐观的态度
☐ 🟡 Which reagents would give a **positive** result with this compound? 哪种试剂会对该化合物产生阳性结果？

364 **practical** /ˈpræktɪkl/ *adj.* 实践的；适用的
　　　　　　　　　　　　　 n. 实践课

> 359 频

☐ 🔵 feasibility (*n.*)
☐ 🔴 practical problems 实际问题
☐ 🟡 The ability to plan, analyse and evaluate **practical** work requires higher-order thinking skills. 设计、分析以及评估实践工作需要更高层次的思维能力。

365 **precaution** /prɪˈkɔːʃn/ *n.* 预防措施

> 32 频

☐ 🔴 safety precautions 安全防范措施
☐ 🟡 Other than eye protection, state one **precaution** you would take to make sure that the experiment proceeds safely. 请说出一种确保实验安全进行的预防措施，戴眼罩除外。

366 **precious** /ˈpreʃəs/ *adj.* 珍贵的
　　　　　　　　　　　　 adv. 极（少）

> 1 频

☐ 🔴 precious memories 珍贵记忆
☐ 🟡 **Precious** metals are highly valued for their chemical stability, electrical conductivity and corrosion resistance. 贵金属因其化学稳定性、导电性和耐腐蚀性而被赋予很高的价值。

367 precision /prɪˈsɪʒn/ n. 精确性，准确性

71 频

- 📗 accuracy
- 🅱 precision instruments 精密仪器
- 📝 Ensure the **precision** of measurement during the experiment. 实验过程中请确保测量的精确性。

368 predict /prɪˈdɪkt/ v. 预测；预报

92 频

- 🅱 predict earthquakes 预测地震
- 📝 If you **predict** no entropy change, write 'no change' in the table below. 如果你预测不会发生熵变，请在下表填上"不变"。

369 preparation /ˌprepəˈreɪʃn/ n. 制备；配制品；准备

14 频

- 🅱 preparation for sth. 对某事的准备
- 📝 Write an equation for the **preparation** of calcium nitrate by an acid-base reaction. 写出一个通过酸碱反应制备硝酸钙的化学方程式。

370 present /ˈpreznt/ adj. 存在的；当前的
/prɪˈzent/ vt. 提交；展现

861 频

- 📗 display (vt.)
- 🅱 at present 现在
- 📝 Some transition elements are **present** in superconductors. 超导体中存在一些过渡元素。

371 preservation /ˌprezəˈveɪʃn/ n. 保存；保留

5 频

- 🅱 building preservation 建筑物保养
- 📝 Sulfur dioxide and sulfites are used in food **preservation**. 二氧化硫和亚硫酸盐用于食品保鲜。

372 pressure /ˈpreʃə(r)/ n. 压力；紧张；强迫

343 频

- 📗 intense (adj.)
- 🅱 under pressure 承受着压力；被迫地
- 📝 The volume of a gas at a fixed temperature can easily be

reduced by increasing the **pressure** on the gas. 给气体增压可以轻松地减小气体在固定温度下的体积。

373 **prevent** /prɪ'vent/ v. 防止；阻挠

36 频

- 回 oppose
- 用 prevent sb. from doing sth. 阻止某人做某事
- 例 Sulfur dioxide is added to wines to **prevent** oxidation of ethanol by air. 往葡萄酒中加入二氧化硫是为了防止乙醇被空气氧化。

374 **previous** /'priːviəs/ adj. 上一个的；先前的

1 频

- 用 previous to Christmas Eve 在平安夜之前
- 例 The definition of transition element is on the **previous** page. 过渡元素的定义在上一页。

375 **principle** /'prɪnsəpl/ n. 原理；原则；行为准则

2 频

- 用 in principle 理论上，原则上；基本上
- 例 Use Le Chatelier's **principle** to explain your answer. 用勒夏特列原理（平衡移动原理）来解释你的答案。

376 **procedure** /prə'siːdʒə(r)/ n. 步骤；程序

82 频

- 用 legal procedure 司法程序
- 例 Repeat the **procedure** used in the experiment above. 重复上述实验中的步骤。

377 **proceed** /prə'siːd/ vi. 进行；接着做（另外一件事）；起诉

7 频

- 用 proceed against sb. 起诉某人
- 例 The reaction would **proceed** at a faster rate. 反应将以更快的速度进行。

378 process /ˈprəʊses/ *n.* 过程；步骤；工序
vt. 处理

272 频

- 近 procedure (*n.*)
- 用 manufacturing processes 制造方法
- 例 The **process** uses a platinum catalyst, which increases the rate of reaction. 这一过程使用了铂催化剂，提高了反应速度。

379 profile /ˈprəʊfaɪl/ *n.* 轮廓；形象；人物简介

12 频

- 近 image
- 用 energy profile diagram 能量关系图
- 例 The energy **profile** for this reaction is shown. 该反应的能量关系图如下。

380 propellant /prəˈpelənt/ *n.* 推进剂

10 频

- 用 aerosol propellant 气溶胶推进剂
- 例 H_2O_2 is used as a **propellant** in a rocket. 过氧化氢被用作火箭的推进剂。

381 property /ˈprɒpəti/ *n.* 特性；财产；房地产

159 频

- 近 character
- 用 physical properties 物理特性
- 例 Which **properties** do phosphorus and sulfur have? 磷和硫有什么样的特性？

382 proportion /prəˈpɔːʃn/ *n.* 比例；份额

71 频

- 用 in proportion 比例正确地
- 例 The **proportion** of ammonia in the mixture is about 15%. 混合物中氨的比例约为 15%。

383 propose /prəˈpəʊz/ *v.* 提出（理论或解释）；提议；打算

7 频

- 用 propose doing sth. 提议做某事
- 例 He **proposed** a possible solution to the mystery. 他提出了对这个奥秘的一种可能的解答。

384 **provide** /prəˈvaɪd/ v. 提供；（法律或协议）规定

15频

- 同 donate
- 用 provide sb. with sth. 为某人提供某物
- 例 Nitrate fertilisers are used to **provide** nitrogen for plant growth. 硝酸盐肥料是用来为植物生长提供氮素的。

385 **purpose** /ˈpɜːpəs/ n. 目的；重要意义

15频

- 用 on purpose 故意
- 例 One **purpose** of electroplating is to give a protective coating to the metal. 电镀的目的之一是给金属涂上保护层。

386 **qualitative** /ˈkwɒlɪtətɪv/ *adj.* 定性的；性质的；质量的

362 频

- 用 qualitative research 定性研究
- 例 Describe, in **qualitative** terms, the effects of different ligands on the absorption of light. 定性描述不同配基对光吸收的影响。

R

---

387 radiation /ˌreɪdɪˈeɪʃn/ *n.* 辐射；放射线

`15 频`

- 🔵 ultraviolet radiation 紫外线辐射
- 🟠 Which technique uses **radiation** with the longer wavelength? 哪种方法使用了波长较长的辐射？

388 raise /reɪz/ *v.* 提升；引起；募集

`17 频`

- 🔵 attract, generate
- 🔵 raise cattle and sheep 养牛羊
- 🟠 In a pressure cooker, the boiling point of water is **raised** to around 120℃. 在高压锅中，水的沸点被提高到120摄氏度左右。

389 range /reɪndʒ/ *n.* 范围；一系列；山脉
　　　　　　　　　　 vi. 在……范围内变动

`41 频`

- 🔵 range from A to B 在 A 至 B 之间变动
- 🟠 Keep the pH value within a narrow **range**. 将 pH 值保持在一个较小的范围内。

390 rapid /ˈræpɪd/ *adj.* 迅速的

`11 频`

- 🔵 rapid growth 快速增长
- 🟠 **Rapid** bubbling can be seen in this reaction. 在该反应中可以看到迅速起泡现象。

391 ratio /ˈreɪʃiəʊ/ *n.* 比率，比例

`80 频`

- 🔵 proportion
- 🔵 ratio of A to B A 比 B 的比率
- 🟠 The angle of deflection of a particle is proportional to its charge/mass **ratio**. 粒子的偏转角度与其荷质比成正比。

392 **reaction** /rɪˈækʃn/ *n.* 反应；回应；反抗

4341 频

- ⊕ nuclear reaction 核反应
- ⑩ No gas was produced during the **reaction**.
  该反应过程中没有产生气体。

393 **reading** /ˈriːdɪŋ/ *n.* （仪表的）读数；阅读；读物

176 频

- ⊕ reading material 阅读材料
- ⑩ What is the maximum error in a single burette **reading**? 单次滴定管读数的最大误差是多少？

394 **reagent** /rɪˈeɪdʒənt/ *n.* 试剂

753 频

- ⊕ chemical reagent 化学试剂
- ⑩ Use this **reagent** to test each of the solutions. 用该试剂测试每一种溶液。

395 **reasonable** /ˈriːznəbl/ *adj.* 合理的；公平的；理智的

271 频

- ⓘ moderate
- ⊕ reasonable price 合理的价格
- ⑩ Every **reasonable** effort should be made to assure the accuracy of the information. 应尽一切合理的努力确保信息的准确性。

396 **recent** /ˈriːsnt/ *adj.* 近来的

12 频

- ⊕ recent development 近来的发展
- ⑩ The design and development of batteries has been a major research area in **recent** years. 电池的设计和开发是近年来重要的研究领域。

397 **recommend** /ˌrekəˈmend/ *v.* 建议；推荐

62 频

- ⓘ advise
- ⊕ recommend sth. to sb. 给某人推荐某物
- ⑩ It is **recommended** to measure also pH and density to be aware of deviant values. 建议同时测量 pH 值和密度，以便了解偏差值。

398 **record** /rɪˈkɔːd/ v. 记录；显示
/ˈrekɔːd/ n. 记录；唱片

5频

- 同 note (vt.), document (vt.)
- 用 break the record 破纪录
- 例 Some observations are **recorded** in the table.
  表中记录了一些观察结果。

399 **recover** /rɪˈkʌvə(r)/ v. 回收；复原；恢复健康

9频

- 用 recover consciousness 恢复知觉
- 例 The yellow precipitate of lead iodide can be
  recovered by filtration. 碘化铅黄色沉淀物
  可通过过滤回收。

400 **reduce** /rɪˈdjuːs/ v. 使还原；减少

58频

- 同 diminish
- 用 reduce A to B 将 A 概括为（或简化为）B
- 例 Iron oxide can be **reduced** to iron metal using carbon
  monoxide at a temperature of 1,000℃. 在 1,000 摄氏度的温度
  下可以用一氧化碳将氧化铁还原成金属铁。

401 **region** /ˈriːdʒən/ n. 区域；行政区

2频

- 用 Arctic region 北极地区
- 例 X-ray analysis has shown that in many proteins there are
  regions with a regular arrangement within the polypeptide
  chain. X 射线分析表明，许多蛋白质的多肽链中存在排列规则
  的区域。

402 **regularly** /ˈreɡjələli/ adv. 经常；有规律地；均匀地

5频

- 同 frequently
- 用 exercise regularly 定期锻炼
- 例 DNA fingerprinting is **regularly** used to help investigate
  serious crimes. DNA 指纹经常被用来帮助调查严重罪行。

403 regulation /ˌreɡjuˈleɪʃn/ *n.* 法规，规定；管控

2频

- 📖 code
- 🔵 rules and regulations 规章制度
- 📝 In many countries, new cars have to comply with **regulations** which are intended to reduce the pollutants coming from their internal combustion engines. 在许多国家，新车必须遵守旨在减少内燃机污染物排放的法规。

404 related /rɪˈleɪtɪd/ *adj.* 相关的；有亲属关系的；属于同一种类的

152频

- 🔵 be related to... 与……有关
- 📝 The properties of a substance can be **related** to the type of structure it has. 一种物质的性质可能与它的结构类型有关。

405 relationship /rɪˈleɪʃnʃɪp/ *n.* 关系

78频

- 🔵 relationship between A and B A 与 B 之间的关系
- 📝 What conclusion can you draw about the **relationship** between the rate of reaction and the concentration of iodine? 关于反应速度和碘浓度之间的关系，你能得出什么结论？

406 relative /ˈrelətɪv/ *adj.* 相对的；相比较而言的 *n.* 亲戚；同类事物

360频

- 🔵 distant relative 远亲
- 📝 Calculate the **relative** atomic mass of *M*. 计算 *M* 的相对原子质量。

407 release /rɪˈliːs/ *n.* 释放；发行 *vt.* 释放；解雇

15频

- 📖 liberate (*vt.*)
- 🔵 release a movie 发行电影
- 📝 What might result from the **release** of sulfur dioxide gas into the atmosphere? 二氧化硫气体释放到大气中可能会导致什么结果？

408 **relevant** /ˈreləvənt/ *adj.* 相关的；有意义的

- ⦿ be relevant to sth. 与某事相关
- ⦿ **Relevant** calculations are an almost routine requirement, and these must be logically presented, step by step. 相关计算几乎是必不可少的，而且必须要有逻辑地一步一步呈现出来。

409 **reliable** /rɪˈlaɪəbl/ *adj.* 可靠的，可信赖的

- ⦿ reliable information 确凿信息
- ⦿ It is not possible to draw a **reliable** conclusion about the effect of changing the concentration of a reagent on the 'rate of reaction' from only two experiments. 要说明改变试剂浓度对"反应速率"的影响，仅通过两个实验是不可能得出可靠结论的。

410 **relief** /rɪˈliːf/ *n.* （焦虑、痛苦等的）减轻；解脱；救济

- ⦿ a sense of relief 解脱感
- ⦿ Ibuprofen and paracetamol are pain-**relief** drugs. 布洛芬和对乙酰氨基酚都是止痛药。

411 **relight** /riːˈlaɪt/ *v.* 使复燃，重新点燃

- ⦿ relight a glowing splint 使带火星的木条复燃
- ⦿ Don't allow children to **relight** fireworks. 千万别让孩子去重新燃放烟花爆竹。

412 **remain** /rɪˈmeɪn/ *vi.* 保持不变；剩余；仍然存在

- ⦿ sth. remains to be done 需要去做某事
- ⦿ Assuming that the amount of catalyst **remains** constant, which change will not bring about an increase in the rate of the forward reaction? 假设催化剂的量保持不变，以下哪种变化不会增加正反应的速率？

413 remove /rɪ'muːv/ *v.* 去除；免除（职务）；取下
    n. 距离

108 频

- 近 eliminate (*vt.*)
- 用 remove a stain 去除污迹
- 例 These gases are **removed** from the exhaust before they can enter the atmosphere. 这些气体在进入大气之前从废气中被除去了。

414 repeat /rɪ'piːt/ *vt.* 重复；复述
    n. 重复的事（物）

109 频

- 用 repeat after sb. 跟着某人读
- 例 This reaction is **repeated** with the same starting amounts of nitrogen and hydrogen. 以相同起始量的氮气和氢气重复该反应。

415 replace /rɪ'pleɪs/ *vt.* 把……放回原处；替换

41 频

- 用 replace A with B 用 B 替换 A
- 例 **Replace** the lid and allow the crucible to cool for at least five minutes. 盖上盖子，让坩埚冷却至少五分钟。

416 replacement /rɪ'pleɪsmənt/ *n.* 取代；替换物；接替者

3 频

- 用 replacement for sb. 某人的接替者
- 例 A salt is a compound formed from an acid by the **replacement** of the hydrogen in the acid by a metal. 盐是一种由酸中的氢被金属取代而形成的化合物。

417 representation /ˌreprɪzen'teɪʃn/ *n.* 表现形式；描绘；代表

6 频

- 用 make representations to a government 与政府交涉
- 例 The diagram is a simplified **representation** of a fractional distillation column. 下图是分馏塔的一个简化图。

418 reproduce /ˌriːprəˈdjuːs/ v. 复制；再生产；繁殖

271 频

- 用 be successfully reproduced 成功再现
- 例 It is illegal to **reproduce** any part of this work in material form. 以实物形式复制本作品的任何部分都是非法的。

419 repulsion /rɪˈpʌlʃn/ n. 斥力；厌恶

2 频

- 反 attraction 引力
- 例 The differences in electron-pair **repulsion** determine the shape and bond angles in a molecule. 电子对互斥的差异决定了分子的形状和键角。

420 require /rɪˈkwaɪə(r)/ vt. 需要；要求

12 频

- 用 require sb. to do sth. 需要 / 要求某人做某事
- 例 What minimum volume of acid will be **required** for complete reaction? 完全反应所需的最小酸量是多少？

421 research /rɪˈsɜːtʃ/ v. & n. 研究；调查

4 频

- 近 investigation (n.), examination (n.)
- 用 medical research 医学研究
- 例 **Research** has found a much more efficient way of changing chemical energy into electrical energy by using a fuel cell. 研究发现了一种用燃料电池将化学能转化为电能的更有效的方法。

422 resistant /rɪˈzɪstənt/ adj. 耐……的；有抵抗力的；抵制的

5 频

- 用 fire-resistant materials 耐火材料
- 例 Zirconium is a metal which is used in corrosion-**resistant** alloys. 锆是一种可以用于制造耐蚀合金的金属。

423 **resource** /rɪˈsɔːs/ *n.* 资源；资料；财力

`2频`

- ⊕ natural resources 自然资源
- ⑩ Petroleum is a non-renewable **resource** from which a wide range of useful polymers is currently produced. 石油是一种不可再生资源，目前广泛用于生产各种有用的聚合物。

424 **respective** /rɪˈspektɪv/ *adj.* 各自的，分别的

`5频`

- ⊕ the respective roles of men and women in society 男女在社会中各自的角色
- ⑩ The two different methods of producing ethanol have their **respective** advantages and disadvantages. 两种不同的乙醇生产方法各有优缺点。

425 **respiratory** /rəˈspɪrətri/ *adj.* 呼吸的

`10频`

- ⊕ the respiratory system 呼吸系统
- ⑩ The solutions may cause skin, eye and **respiratory** irritation. 这些溶液可能会对皮肤、眼睛和呼吸道造成刺激。

426 **restrict** /rɪˈstrɪkt/ *vt.* 限制；妨碍；约束

`2频`

- ⑩ limit
- ⊕ restrict the speed to 30 mph 将速度限制在每小时 30 英里以内
- ⑩ The air supply to the flame is **restricted**. 火焰的空气供应受到限制。

427 **restriction** /rɪˈstrɪkʃn/ *n.* 限制；约束

`2频`

- ⑩ limitation
- ⊕ impose/place a restriction on sth. 对某事实行限制
- ⑩ A **restriction** enzyme can be used to cut a sample of DNA into fragments. 限制性内切酶可以用来将 DNA 样品切割成片段。

428 retain /rɪ'teɪn/ vt. 保留；保持

1 频

- 🔄 remain
- 🔤 retain your independence 保持独立
- 📝 The solutions generated may be **retained** for a demonstration of distillation. 生成的溶液可保留，用于演示蒸馏过程。

429 retard /rɪ'tɑːd/ v. 减缓；阻碍
/'riːtɑːd/ n. 笨蛋

3 频

- 🔤 retard the progression of disease 延缓病情发展
- 📝 Stabilisers can **retard** the oxidation process. 稳定剂可以延缓氧化过程。

430 retention /rɪ'tenʃn/ n. 保留；维持

2 频

- 🔤 improve its training and retention of staff 改进对员工的培训和留用工作
- 📝 Similar compounds will have similar **retention** times. 类似的化合物具有相似的保留时间。

431 ribbon /'rɪbən/ n. 带状物；条状物；饰带

42 频

- 🔤 a piece of ribbon 一根丝带
- 📝 What happens when a piece of magnesium **ribbon** is placed in cold water? 把镁带放进冷水中会发生什么反应？

432 rinse /rɪns/ v. 冲洗，清洗
n. 冲洗；染发剂

205 频

- 🔤 rinse the cup out 把杯子冲洗干净
- 📝 **Rinse** and dry the beaker so it is ready for use in Experiment 2. 将烧杯冲洗并晾干，以便在实验 2 中使用。

433 rod /rɒd/ n. 杆，棒

13 频

- 🔤 fishing rod 钓鱼竿
- 📝 Stir the mixture with a glass **rod** until all the substance has dissolved. 用玻璃棒搅拌混合物，直到所有物质都溶解。

434 **rotate** /rəʊˈteɪt/ v. 转动，旋转；轮值

🔧 rotate the night shift 轮流值夜班

📝 **Rotate** the glass rod with your fingers so the flame is not constantly hitting one area. 用手指转动玻璃棒，这样火焰就不会一直加热一个区域。

435 **rough** /rʌf/ adj. 粗略的；粗糙的

307 频

🔧 rough sketch 草图

📝 You can do a **rough** calculation of vapour density if you know the molecular weight of the gas or vapour involved. 如果已知所涉及的气体或蒸气的分子量，就可以粗略地计算出蒸气密度。

S

436 **sample** /ˈsɑːmpl/ *n.* 样品
vt. 取样；品尝

70频

- 🉐 sample survey 抽样调查
- 🈺 Calculate the relative atomic mass of the copper present in this **sample**. 计算该样品中现有铜的相对原子质量。

437 **scale** /skeɪl/ *n.* 规模；刻度；比例
vt. 改变大小

38频

- 🉐 social scale 社会等级体系
- 🈺 Ammonia is an important industrial chemical which is manufactured on a large **scale** by using the Haber process. 氨是一种重要的工业化学品，采用哈伯法进行大规模生产。

438 **scene** /siːn/ *n.* 现场；场面；景色

9频

- 🉐 behind the scenes 在幕后；秘密地
- 🈺 A sample of blood, thought to be from the suspect, was found at a crime **scene**. 在犯罪现场发现了疑为嫌犯的血样。

439 **science** /ˈsaɪəns/ *n.* 科学；学科

9频

- 🉐 the modern science of psychology 现代心理学
- 🈺 **Science** is concerned with providing evidence to explain the world we experience and how it works. 科学的重点是提供证据来解释我们所经历的世界以及它是如何运作的。

440 **screen** /skriːn/ v. 筛查；遮蔽
n. 屏幕；屏风

4 频

- 🔧 screen sb. out 遴选后剔除某人
- 📝 DNA fingerprinting is widely used in '**screening**' crime suspects. DNA 指纹技术被广泛用于"筛查"犯罪嫌疑人。

441 **seal** /siːl/ v. 密封；关闭
n. 印章；海豹

27 频

- 🔧 seal A in B 把 A 封在 B 中
- 📝 2.00 mol of hydrogen and 3.00 mol of iodine were heated together in a **sealed** container and allowed to reach equilibrium at a fixed temperature. 2 摩尔氢气和 3 摩尔碘在密封的容器中一起加热，并在固定温度下达到平衡。

442 **section** /ˈsekʃn/ n. 部分；节；部门
vt. 切开

372 频

- 🔧 finance section 财务处
- 📝 The **section** of the polymer shown in the brackets is the repeat unit of the polymer. 括号中显示的分子片段是聚合物的重复单元。

443 **selective** /sɪˈlektɪv/ adj. 选择性的；严格筛选的

4 频

- 🔧 a selective school 择优录取的学校
- 📝 They are two widely-used **selective** weed killers. 它们是两种广泛使用的选择性除草剂。

444 **sensitive** /ˈsensətɪv/ adj. 敏感的；灵敏的；体贴的

2 频

- 🔧 be sensitive to sth. 对某事（物）敏感
- 📝 The human nose is particularly **sensitive** to this compound. 人的鼻子对这种化合物特别敏感。

445 **separate** /ˈseprət/ *adj.* 单独的；不同的
　　　　　　　　　　　v. 隔离；区别

- 📘 individual (*adj.*), distinguish (*v.*)
- 📗 separate A from B 把 A 和 B 分开
- 📙 **Separate** oxidation reactions are carried out using different conditions. 在不同的条件下分别进行氧化反应。

187 频

446 **separately** /ˈseprətli/ *adv.* 分别地，单独地

82 频

- 📘 respectively
- 📗 live separately 单独居住
- 📙 Magnesium and antimony each react when heated **separately** in chlorine. 镁和锑在氯气中分别加热时都会发生反应。

447 **separation** /ˌsepəˈreɪʃn/ *n.* 分离；离别；分居

15 频

- 📗 legal separation 合法分居
- 📙 Explain the principles of the **separation** of amino acids by electrophoresis. 请解释电泳法分离氨基酸的原理。

448 **series** /ˈsɪəriːz/ *n.* 系列

315 频

- 📘 range
- 📗 a series of 一系列
- 📙 Ethanol is the most widely used of the homologous **series** of alcohols. 乙醇是同系醇中使用最广泛的一种。

449 **sheet** /ʃiːt/ *n.* 薄板；一张（纸）；被单

1 频

- 📗 a blank sheet of paper 一页白纸
- 📙 This flexibility in the layered structure means that metals can be rolled into **sheets**. 层状结构的这种灵活性意味着金属可以被轧制成薄板。

450 **significant** /sɪɡˈnɪfɪkənt/ *adj.* 重要的；显著的；意味深长的

236频

- 同 major
- 用 significant improvement 显著改进
- 例 Most bases are insoluble in water, which makes the few bases that do dissolve in water more **significant**. 大多数碱不溶于水，这使得少数能溶解于水的碱更为重要了。

451 **similarity** /ˌsɪməˈlærəti/ *n.* 相似点；相似性

3频

- 用 similarity between A and B A 与 B 的相似性
- 例 Describe the **similarities** and differences between structure B and graphite. 描述 B 结构和石墨之间的异同。

452 **simplify** /ˈsɪmplɪfaɪ/ *vt.* 简化

7频

- 用 simplify the procedures 简化程序
- 例 The equation can be **simplified** to show only those ions that take part in the reaction and their products. 该方程式可以简化为只显示那些参与反应的离子及其产物。

453 **simultaneously** /ˌsɪmlˈteɪniəsli/ *adv.* 同时地

2频

- 用 develop simultaneously 并举
- 例 Disproportionation is the term used to describe a reaction in which a reactant is **simultaneously** both oxidised and reduced. 歧化反应是指反应物同时被氧化和还原的反应。

454 **single** /ˈsɪŋɡl/ *adj.* 单一的；单人的
　　　　　　　　　　　　n. 单程票；单曲

149频

- 用 single club 单身俱乐部
- 例 The reaction of ethene with bromine forms a **single** product. 乙烯与溴反应生成单一产物。

455 **site** /saɪt/ *n.* 场所，地点，位置
   vt. 使坐落在

| | | 9频 |

- 🔄 location (*n.*)
- 🈁 an archaeological site 考古现场
- 📝 In a landfill **site**, the plastic waste is often buried under other rubbish and eventually soil. 在垃圾填埋场，塑料垃圾通常被埋在其他垃圾下，最终被埋在土壤里。

456 **situation** /ˌsɪtʃuˈeɪʃn/ *n.* 情况；局面，形势

| | | 3频 |

- 🈁 be in a difficult situation 处境困难
- 📝 Write an equation to show how NO_2 is formed in these **situations**. 用方程式表明二氧化氮在这些情况下是如何形成的。

457 **smog** /smɒg/ *n.* 烟雾

| | | 5频 |

- 🈁 a heavy smog 浓重的烟雾
- 📝 Organic nitrates in photochemical **smog** can cause breathing difficulties. 光化学烟雾中的有机硝酸盐会导致呼吸困难。

458 **soak** /səʊk/ *vt.* 浸泡；使湿透
   n. 浸泡

| | | 6频 |

- 🈁 soak A in B 把 A 浸泡在 B 中
- 📝 Put the mineral wool **soaked** with the alcohol in the tube. 把用酒精浸泡过的矿棉放入试管中。

459 **solid** /ˈsɒlɪd/ *n.* 固体
   adj. 固体的；牢固的；可靠的

| | | 474频 |

- 🔄 firmly (*adv.*)
- 🈁 solid evidence 可靠的证据
- 📝 A yellow **solid** and two colourless gases are produced. 生成了一种黄色固体和两种无色气体。

460 **sparingly** /ˈspeərɪŋli/ *adv.* 少量地；节约地

14频

- 用 eat sparingly 吃得很节省
- 例 PbCl₂ is only **sparingly** soluble in water. 氯化铅难溶于水。

461 **species** /ˈspiːʃiːz/ *n.* 形态，种类；物种

114频

- 用 endangered species 濒危物种
- 例 Many **species** of animals are in danger of dying out. 许多动物种类都处于濒临灭绝的危险中。

462 **specify** /ˈspesɪfaɪ/ *vt.* 明确规定，具体说明

4频

- 用 specify the size 具体说明尺寸
- 例 Use the apparatus which is **specified** above to finish the experiment. 请用上面规定的仪器完成实验。

463 **spillage** /ˈspɪlɪdʒ/ *n.* 泄露，溢出

2频

- 同 leak
- 用 oil spillage 石油泄漏事件
- 例 When dealing with a **spillage** of metallic sodium, it is important that no toxic or flammable products are formed. 在处理金属钠泄漏时，一定要确保不要形成有毒或易燃的物质。

464 **spin** /spɪn/ *n.* 自旋；高速旋转
v. （使）快速旋转；疾驰

3频

- 同 rotate (v.)
- 用 spin around sth. 围绕某物旋转
- 例 The direction of the arrow represents the '**spin**' of the electron. 箭头的方向表示电子的"自旋"。

465 **spiral** /ˈspaɪrəl/ *n.* 螺旋，螺旋式
adj. 螺旋形的

2频

- 用 spiral down 螺旋式下降
- 例 Bubbles can be seen around the copper **spiral** during the reaction. 在反应过程中，可以在铜螺旋周围看到气泡产生。

466 **splint** /splɪnt/ *n.* 木条

213 频

- ⊕ glowing splint 带火星的木条
- ⑩ One of the gaseous products relights a glowing **splint**. 其中一种气体生成物可以使带火星的木条复燃。

467 **split** /splɪt/ *v.* 分开；分裂
n. 分离；份额

7 频

- ⊜ dissociate, isolate, divide
- ⊕ split up with sb. 和某人断绝关系，分手
- ⑩ The enthalpy change of a reaction at constant temperature can be **split** into two parts. 恒温下反应的焓变可分为两部分。

468 **splitting** /'splɪtɪŋ/ *n.* 分裂（split 的动名词）

22 频

- ⊕ splitting pattern 分裂模式
- ⑩ Complete the diagram to show the **splitting** of the d orbital energy levels in an octahedral complex ion. 完成图表，展示八面体配离子中 d 轨道能级的分裂。

469 **spontaneity** /ˌspɒntə'neɪəti/ *n.* 自发性

4 频

- ⊕ require spontaneity 需要自发性
- ⑩ Predict the effect of temperature change on the **spontaneity** of a reaction given standard enthalpy and entropy changes. 在给定标准焓变和熵变的情况下，预测温度变化对反应自发性的影响。

470 **spot** /spɒt/ *n.* 点；污迹；场所
v. 发现

17 频

- ⊜ detect (*vt.*), identify (*vt.*)
- ⊕ on the spot 当场；在现场
- ⑩ Identify which **spot** corresponds to each compound. 请明确每种化合物所对应的点是什么。

471 **stage** /steɪdʒ/ *n.* 阶段；步骤；舞台
vt. 举行

303 频

- 同 process (*n.*), procedure (*n.*)
- 用 set the stage for sth. 为某事铺平道路，使某事成为可能
- 例 Which reagents are needed for each **stage** of the reaction? 该反应的各阶段需要哪些试剂？

472 **standard** /ˈstændəd/ *adj.* 标准的；规范的
n. 标准；规格

305 频

- 用 living standard 生活水准
- 例 What is the **standard** enthalpy change for this reaction? 该反应的标准焓变是多少？

473 **staple** /ˈsteɪpl/ *n.* 订书针；主食
adj. 主要的；基本的

317 频

- 同 central (*adj.*), major (*adj.*)
- 用 staple crop 主要农作物
- 例 Do not use **staples**, paper clips, glue or correction fluid. 请勿使用订书钉、回形针、胶水或修正液。

474 **state** /steɪt/ *n.* 状态；国家
vt. 说明；声明

1037 频

- 同 condition (*n.*)
- 用 state-owned enterprise 国有企业
- 例 Which formulae represent compounds that conduct electricity in the liquid **state**? 以下哪个化学式所代表的化合物在液态时可导电？

475 **statement** /ˈsteɪtmənt/ *n.* 说法，表述；声明

575 频

- 用 make a statement on sth. 对某事进行声明
- 例 Which **statement** about nitrogen or its compounds is correct? 关于氮或其化合物，以下哪种说法是正确的？

476 **stationary** /ˈsteɪʃənri/ *adj.* 固定的；稳定的

15频

- 回 fixed, constant
- 用 a stationary population 稳定的人口
- 例 The separation of the compounds depends on their relative solubilities in the **stationary** phase. 化合物的分离取决于它们在静止期中的相对溶解度。

477 **steady** /ˈstedi/ *adj.* 稳定的；沉稳的
　　　　　　　　　　　v. 稳住；使镇静

7频

- 回 stationary (*adj.*), composed (*adj.*)
- 用 a steady income 一份稳定的收入
- 例 Place the thermometer in the acid in the plastic cup and record the **steady** temperature of the acid. 将温度计放入塑料杯中的酸内，并记录酸的稳定温度。

478 **steamy** /ˈstiːmi/ *adj.* 充满水汽的

8频

- 用 steamy windows 蒙着一层水汽的窗户
- 例 **Steamy** fumes and a white precipitate are both observed. 能观察到雾气和白色沉淀物生成。

479 **step** /step/ *n.* 步骤；脚步
　　　　　　　　v. 迈步

904频

- 回 process (*n.*), procedure (*n.*), stage (*n.*)
- 用 step aside 让位，退位
- 例 The **steps** in analysing the data are as follows. 数据的分析步骤如下。

480 **stir** /stɜː(r)/ *v.* 搅拌；激发，萌生
　　　　　　　　n. 搅拌

19频

- 用 stir easily 容易搅拌
- 例 **Stir** constantly until the maximum temperature is reached. 不停地搅拌，直到达到最高温度。

481 **storage** /ˈstɔːrɪdʒ/ *n.* 储存

3频

用 data storage 数据储存

例 One of the problems still to be solved is the **storage** of the hydrogen in the vehicle. 氢在车辆中的储存是尚待解决的问题之一。

482 **strategy** /ˈstrætədʒi/ *n.* 策略；战略

6频

用 marketing strategy 营销策略

例 Suggest a **strategy** to overcome the difficulties you may meet in the experiment. 请提出一个策略来克服实验中可能遇到的困难。

483 **strength** /streŋθ/ *n.* 强度；力量；优势

44频

近 advantage, positive

用 on the strength of sth. 凭借某事物

例 Explain the variation in the bond **strength** of the carbon-halogen bonds. 请解释碳卤键键结强度变化的原因。

484 **strip** /strɪp/ *n.* 条，带
v. 剥光；拆开

22频

近 ribbon (*n.*)

用 strip sth. off 把某物剥下来

例 Add a 2 cm **strip** of magnesium ribbon. 加一条2厘米长的镁带。

485 **structure** /ˈstrʌktʃə(r)/ *n.* 结构；建筑物
vt. 使形成体系，系统安排

570频

近 construction (*n.*)

用 social structure 社会结构

例 Draw the **structure** of the product. 画出该生成物的结构。

486 subsequent /'sʌbsɪkwənt/ *adj.* 随后的，后来的

2 频

- 用 subsequent to sth. 在某物之后
- 例 Write equations for the reaction of sulfur trioxide with sulfuric acid and for the **subsequent** reaction with water. 写出三氧化硫与硫酸反应以及随后与水反应的方程式。

487 substance /'sʌbstəns/ *n.* 物质；事实根据；要点

119 频

- 用 matters of substance 重大问题
- 例 For each step state the reagent added and the **substance**(s) removed by filtration. 说明每一步添加的试剂以及过滤掉的物质。

488 substitute /'sʌbstɪtjuːt/ *n.* 替代品；替补

　　　　　　　　　　　　　　　　　　　v. 代替

2 频

- 同 replacement (*n.*)
- 用 a substitute for sth. 某物的替代品
- 例 Glucose can be used to prepare sorbitol, a compound used as a sugar **substitute**. 葡萄糖可用于制备山梨醇，山梨醇是一种代糖。

489 successful /sək'sesfl/ *adj.* 成功的；达到目的

8 频

- 用 be successful in doing sth. 成功做某事
- 例 Which syntheses will be **successful**? 以下哪些合成会成功？

490 successive /sək'sesɪv/ *adj.* 连续的，相继的

19 频

- 同 consecutive
- 用 three successive days 连续三天
- 例 The first ionisation energies of twenty **successive** elements in the Periodic Table are represented in the graph. 元素周期表中 20 个连续元素的第一电离能如图所示。

491 sufficient /səˈfɪʃnt/ adj. 足够的，充分的

15频

- 圓 adequate
- 用 be sufficient to do sth. 足够做某事
- 例 Once **sufficient** oxygen was present, animal life began to evolve. 一旦有了足够的氧气，动物生命就开始进化了。

492 suggest /səˈdʒest/ vt. 说明；提议；暗示

985频

- 圓 advise, recommend, propose
- 用 suggest doing sth. 建议做某事
- 例 **Suggest** why calcium hydroxide is added to some soils. 请说明为什么在一些土壤中添加氢氧化钙。

493 suggestion /səˈdʒestʃən/ n. 建议；暗示；微量

18频

- 圓 motion
- 用 at one's suggestion 在某人的建议下
- 例 What would be the advantage of this **suggestion**? 这个建议的好处是什么?

494 suitable /ˈsuːtəbl/ adj. 合适的

373频

- 圓 appropriate
- 用 be suitable to do sth. 适合做某事
- 例 When selecting **suitable** apparatus for an experiment, it is important to consider scale and accuracy. 在选择合适的实验仪器时，要着重考虑刻度和准确性。

495 summarise /ˈsʌməraɪz/ v. 概括，总结

13频

- 用 summarise complex situation 概括复杂情况
- 例 The gas laws can be **summarised** in the ideal gas equation. 气体定律可以用理想气体方程来概括。

496 **supply** /sə'plaɪ/ *n.* 供应
    vt. 供给

| | 9频 |

- ⊜ provide (*vt.*), donate (*vt.*)
- ⊞ supply sth. to sb. 将某物提供给某人
- ⑩ 1.00 g of carbon is combusted in a limited **supply** of pure oxygen. 1 克碳在有限的纯氧中燃烧。

497 **support** /sə'pɔːt/ *vt.& n.* 支撑；支持

| | 70频 |

- ⊞ support sb. in sth. 在某方面支持某人
- ⑩ **Support** the crucible in the pipe-clay triangle on top of a tripod. 将坩埚支撑在三脚架顶部的泥三角内。

498 **suppress** /sə'pres/ *vt.* 抑制；镇压

| | 3频 |

- ⊜ retard
- ⊞ suppress one's anger 压住怒火
- ⑩ The drug Sirolimus is used to **suppress** possible rejection by the body after kidney transplants. 西罗莫司是一种药物，用于抑制肾移植后可能出现的身体排斥反应。

499 **surface** /'sɜːfɪs/ *n.* 表面
    v. 浮出水面

| | 39频 |

- ⊞ on the surface 表面上；乍一看
- ⑩ If the magnesium strip is not stirred, it floats to the **surface** of the hydrochloric acid. 如果不搅拌镁条，它会浮到盐酸的表面。

500 **surroundings** /sə'raʊndɪŋz/ *n.* 环境

| | 7频 |

- ⊜ condition
- ⊞ natural surroundings 自然环境
- ⑩ Assume that no heat was lost to the **surroundings**. 假设没有热量散失到周围环境中。

501 **suspect** /'sʌspekt/ *n.* 嫌疑犯
/sə'spekt/ *v.* 怀疑

22频

- ⊞ suspect sb. of sth. 怀疑某人有某罪
- ⑩ Based on this evidence, circle the **suspect** who should be arrested. 根据这些证据，圈出应该逮捕的嫌疑犯。

502 **suspend** /sə'spend/ *v.* 悬浮；暂停，暂缓

1频

- ⊞ be suspended from job 停职
- ⑩ Calcium nitride, Ca_3N_2, reacts readily with water to form a white precipitate **suspended** in an alkaline solution. 氮化钙（Ca_3N_2）很容易与水反应，形成悬浮在碱性溶液中的白色沉淀物。

503 **switch** /swɪtʃ/ *v.* 转换开关；调换；转变
n.（电路的）开关

5频

- ⊞ switch on/off 开 / 关
- ⑩ When the power supply is **switched** on, some amino acids may not move, but remain stationary. 当电源接通时，一些氨基酸可能不会移动，而是保持静止。

504 **symbol** /'sɪmbl/ *n.* 符号；象征

114频

- ⊞ chemical symbol for copper 铜的化学符号
- ⑩ Complete the equation showing the reaction between ethanedioic acid and sodium hydroxide including state **symbols**. 完成表示乙二酸和氢氧化钠的化学反应方程式，包括状态符号。

T

505 **technique** /tekˈniːk/ *n.* 技术；技巧

19频

⊞ marketing techniques 营销技巧

例 DNA fingerprinting has become a very important **technique** for analysing samples from organisms. DNA 指纹技术已经成为分析生物体样本的一项非常重要的技术。

506 **temperature** /ˈtemprətʃə(r)/ *n.* 温度

1264频

⊞ a rise in temperature 温度升高

例 A second experiment is performed at the same **temperature**. 第二个实验是在相同的温度条件下进行的。

507 **temporary** /ˈtemprəri/ *adj.* 临时的，短暂的

2频

◎ briefly (*adv.*)

⊞ temporary arrangement 临时的安排

例 Van der Waals force is the weak forces of attraction between molecules caused by the formation of **temporary** dipoles. 范德华力是由于临时偶极子的形成而引起的分子间的弱引力。

508 **tend** /tend/ *v.* 容易，倾向于；照顾

2频

⊞ well-tended gardens 精心照料的花园

例 Carbon steels **tend** to rust unless protected. 碳钢在没有保护的情况下容易生锈。

509 **theoretical** /ˌθɪəˈretɪkl/ *adj.* 理论上的；理论的

43频

- ⊕ theoretical physics 理论物理学
- ⑨ Use the graph to determine the **theoretical** temperature increase at 4 minutes. 利用该图确定第 4 分钟时的理论温升。

510 **theory** /ˈθɪəri/ *n.* 理论；学说；观点

20频

- ⊕ in theory 理论上；按理说
- ⑨ What are basic assumptions of the kinetic **theory** as applied to an ideal gas? 适用于理想气体的气体动理论的基本假设是什么？

511 **thorough** /ˈθʌrə/ *adj.* 充分的，彻底的；仔细周到的

3频

- 囘 adequate
- ⊕ thorough investigation 全面调查
- ⑨ Stopper the flask and shake it to ensure **thorough** mixing. 将烧瓶塞上瓶塞并晃动，确保充分混合。

512 **throughout** /θruːˈaʊt/ *prep.* 自始至终；遍及

14频

- ⊕ throughout the world 世界各地
- ⑨ Continue to stir the mixture **throughout** the experiment. 在整个实验过程中持续搅拌混合物。

513 **tonne** /tʌn/ *n.* 吨

4频

- ⊕ a 17-tonne truck 17 吨卡车
- ⑨ Calculate the mass of copper which can be produced from each **tonne** of ore. 计算每吨矿石可以生产的铜的质量。

514 **tool** /tuːl/ *n.* 工具；手段，方法

2频

- 囘 approach, method
- ⊕ research tools 研究方法
- ⑨ Molecular modelling on a computer is now a powerful **tool**. 计算机分子建模是一种很强大的工具。

515 **trace** /treɪs/ *n.* 微量；痕迹
vt. 查出；追踪

274 频

- ⓘ detect (*vt.*)
- ⓑ be traced back to the 16th century 追溯到 16 世纪
- ⓔ Instrumental analysis can quickly detect tiny **traces** of banned substances in a urine sample taken from an athlete during random testing. 仪器分析可以在随机测试期间快速检测出运动员尿样中微量的违禁物质。

516 **transfer** /træns'fɜː(r)/ *v.* 传输；转移
/'trænsfɜː(r)/ *n.* 传输；转移

179 频

- ⓑ transfer sth. from A to B 将某物从 A 转移到 B
- ⓔ The burner **transfers** 47% of the heat released from the burning fuel to the water. 燃烧器将燃料所释热量的 47% 传输到水中。

517 **transformation** /ˌtrænsfə'meɪʃn/ *n.* 转化；转变；
改革

12 频

- ⓘ conversion
- ⓑ transformation from A to B 从 A 到 B 的转变
- ⓔ State the reagents and conditions necessary to carry out the following **transformations**. 请说明进行以下转换所需的试剂和条件。

518 **transmittance** /træns'mɪtns/ *n.* 透过率

23 频

- ⓑ transmittance measurement 透过率测量
- ⓔ **Transmittance** of the surface of a material is its effectiveness in transmitting radiant energy. 材料表面的透过率代表了其传输辐射能的有效性。

519 **transport** /træn'spɔːt/ *vt.* 运输；传播
/ˈtrænspɔːt/ *n.* 运输；交通工具

6频

- ⊞ air transport 空运
- ⑩ The seeds are **transported** by the wind. 这些种子是由风传播的。

520 **treatment** /ˈtriːtmənt/ *n.* 处理；治疗；待遇

23频

- ⊞ medical treatment 药物治疗
- ⑩ In the **treatment** of domestic water supplies, chlorine is added to the water to form HClO. 在处理生活用水时，将氯加入水中形成次氯酸。

521 **trend** /trend/ *n.* 趋势，倾向

66频

- ⊜ direction
- ⊞ political trends 政治趋势
- ⑩ State the **trend** in the reactivities of the halogens with hydrogen. 请说明卤素与氢反应的趋势。

522 **trial** /ˈtraɪəl/ *n.* 试验；审理；预赛

7频

- ⊞ clinical trial 临床试验
- ⑩ The student carried out two **trials** of each experiment. 这名学生对每个实验进行了两次试验。

523 **tube** /tjuːb/ *n.* 管子；地铁

953频

- ⊞ test tube 试管
- ⑩ Shake the boiling **tube** to dissolve the solid. 晃动沸腾管，使固体溶解。

U

扫一扫
听本节音频

---

524 ultraviolet /ˌʌltrə'vaɪələt/ *adj.* 紫外线的

`13 频`

- 用 ultraviolet lamp 紫外线灯
- 例 In the presence of **ultraviolet** light, ethane and chlorine react to give a mixture of products. 在紫外光的照射下，乙烷和氯反应生成混合物。

---

525 unaffected /ˌʌnə'fektɪd/ *adj.* 不受影响的；真诚自然的，不做作的

`10 频`

- 用 be unaffected by sth. 不受某事（物）的影响
- 例 The rate of reaction is found to be **unaffected** by changes in the concentration of OH^- ions present. 发现反应速率不受氢氧根离子浓度变化的影响。

---

526 undergo /ˌʌndə'gəʊ/ *vt.* 经历；经受

`37 频`

- 用 undergo tests/trials 经受考验
- 例 Compound Y can **undergo** an elimination reaction to form an alkene. 化合物 Y 可以进行消除反应，形成烯烃。

---

527 underneath /ˌʌndə'niːθ/ *prep. & adv.* 在……底下
n. 地面

`8 频`

- 用 underneath the piano 钢琴底下
- 例 The area **underneath** each peak is proportional to the mass of the respective compound. 每个峰下面的面积与各化合物的质量成正比。

528 **uniform** /ˈjuːnɪfɔːm/ *adj.* 均匀的；统一的
n. 制服

1 频

- **搭** school uniform 校服
- **例** Shake the flask to obtain a **uniform** solution. 晃动烧瓶，使溶液混合均匀。

529 **unit** /ˈjuːnɪt/ *n.* （计量）单位；单元；元件；群体

66 频

- **搭** medical units 医疗小组
- **例** Calculate a value for Kp for this reaction, including the **units**. 计算此反应的 Kp 值，包括单位。

530 **unknown** /ˌʌnˈnəʊn/ *adj.* 未知的；不出名的
n. 未知的事物；未知数

42 频

- **搭** an unknown actor 没有名气的演员
- **例** An **unknown** organic compound reacts with sodium to give a combustible gas as one product. 一种未知的有机化合物与钠反应生成一种可燃气体。

531 **unreactive** /ˌʌnrɪˈæktɪv/ *adj.* 化学上惰性的；不起反应的

频

- **搭** unreactive compounds 不起反应的化合物
- **例** Nitrogen gas is the **unreactive** gas in air that dilutes the effects of the reactive gas, oxygen. 氮气是空气中的惰性气体，它稀释了活性气体氧气的作用。

532 **unsymmetrical** /ˌʌnsɪˈmetrɪkəl/ *adj.* 不对称的

1 频

- **搭** unsymmetrical alkene 不对称烯烃
- **例** An **unsymmetrical** alkyne is an alkyne in whose molecule the triply bonded carbons bear different ligands. 不对称炔烃分子中的三键碳具有不同的配体。

533 **upper** /ˈʌpə(r)/ *adj.* 上层的，上面的

                                    n. 鞋面

- ⊕ upper limit 上限
- ⑩ How many test tubes contained a purple **upper** layer? 有多少试管的上层是紫色的?

V

534 valid /ˈvælɪd/ *adj.* 有效的；有根据的

2 频

- **用** valid passport 有效的护照
- **例** Which equation represents a **valid** propagation step in the chlorination of ethane? 哪个方程式代表乙烷氯化反应中的有效传播步骤？

535 valuable /ˈvæljuəbl/ *adj.* 有价值的，有用的；贵重的

3 频

- **同** precious
- **用** valuable experience 宝贵经验
- **例** Studying the organisation of the electrons of an atom is **valuable**. 研究原子的电子结构是有价值的。

536 variation /ˌveərɪˈeɪʃn/ *n.* 变化；变体；变奏曲

41 频

- **用** variation in/of sth. 某事（物）的变化
- **例** Explain the **variation** in temperature that takes place when barium hydroxide is added to the hydrochloric acid. 请解释在盐酸中加入氢氧化钡时温度发生的变化。

537 various /ˈveərɪəs/ *adj.* 各种各样的；多方面的

30 频

- **用** a man of various skills 具有多方面才能的人
- **例** Astronomers using modern spectroscopic techniques of **various** types have found evidence of many molecules, ions and free radicals in the dust clouds in Space. 天文学家使用各种类型的现代光谱技术，在太空的尘埃云中发现了许多分子、离子和自由基存在的证据。

538 **vehicle** /ˈviːəkl/ *n.* 汽车，车辆；手段

- 🔄 tool
- 🔗 motor vehicles 机动车辆
- 📝 The combustion of fuels in motor **vehicles**, trains, aeroplanes and power stations produces the pollutant gas NO₂. 汽车、火车、飞机和发电站的燃料燃烧会产生污染气体二氧化氮。

539 **vertical** /ˈvɜːtɪkl/ *adj.* 垂直的；竖的，纵向的
　　　　　　　　　　　　n. 垂直位置

7 频

- 🔗 vertical axis 纵轴
- 📝 Draw a **vertical** line between the two and determine the theoretical rise in temperature at this time. 在两者之间画一条垂线，并确定此时的理论温升。

540 **vessel** /ˈvesl/ *n.* 容器；脉管；轮船

40 频

- 🔗 blood vessel 血管
- 📝 The final temperature of the reaction **vessel** is 120 ℃. 反应容器的最终温度为 120 摄氏度。

541 **vigorous** /ˈvɪɡərəs/ *adj.* 剧烈的；活跃的；精力旺盛的

14 频

- 🔗 vigorous exercise 剧烈运动
- 📝 The reactions of the elements with hydrogen become less **vigorous**. 这些元素与氢的反应变得不那么剧烈了。

542 **violet** /ˈvaɪələt/ *n.* 紫色；紫罗兰

15 频

- 🔗 ultra-violet rays 紫外线
- 📝 Titrate the mixture in the flask until the blue-**violet** colour of the solution changes to yellow. 对烧瓶中混合物进行滴定，直到溶液从蓝紫色变为黄色。

543 visible /ˈvɪzəbl/ *adj.* 明显的，能注意到的；看得见的

22频

- ⊕ visible imports 有形产品的进口
- ⊘ If there is no **visible** change, pour into a boiling tube and warm gently. 如果没有明显的变化，倒入沸腾的试管中，用文火加热。

544 visual /ˈvɪʒuəl/ *adj.* 视觉的，视力的
 n. 视觉资料

6频

- ⊕ visual arts 视觉艺术
- ⊘ Describe two **visual** observations that would be made during this electrolysis. 请描述在电解过程中将要进行的两项视觉观察。

545 vitamin /ˈvɪtəmɪn/ *n.* 维生素

9频

- ⊕ vitamin deficiency 维生素缺乏
- ⊘ How many chiral centres are present in one **vitamin** A molecule? 一个维生素A分子中有多少个手性中心？

546 volume /ˈvɒljuːm/ *n.* 体积；量；音量

896频

- ⊕ a large volume of steel 大量钢铁
- ⊘ What **volume** of oxygen was used up in the combustion of *A*? *A* 的燃烧消耗了多少体积的氧气？

W

547 **weigh** /weɪ/ *v.* 称重；有……重；权衡；有影响

34频

⊞ weigh your words 斟酌字句

⑩ **Weigh** and record the mass of an empty boiling-tube. 称重并记录空沸腾管的质量。

548 **wire** /ˈwaɪə(r)/ *n.* 金属丝；电线
　　　　　　　　　v. 接线，接通电源

24频

⊞ fuse wire 保险丝

⑩ A sample of iron **wire** is reacted with an excess of sulfuric acid to produce a solution of iron sulfate. 铁丝样品与过量的硫酸反应生成硫酸铁溶液。

549 **wool** /wʊl/ *n.* 棉；毛；毛料

5频

⊞ wool blanket 毛毯

⑩ The steam is given off from mineral **wool** soaked in water at the right-hand end of the test tube. 蒸汽是从试管右端浸泡在水中的矿棉中释放出来的。

第二部分

高频专业词汇

扫一扫
听本节音频

第一节
States of Matter 物质状态

001 solid /'sɒlɪd/   *n.* 固体

🇪 Solid is one of the states of matter. Unlike a liquid, a solid object does not flow to take on the shape of its container, nor does it expand to fill the entire available volume like a gas.

🇨 固体是物质的状态之一。与液体和气体相比，固体有固定的体积及形状，形状也不会随着容器形状而改变。

002 liquid /'lɪkwɪd/   *n.* 液体

🇪 Liquid is one of the states of matter. The particles in a liquid are free to flow, so while a liquid has a definite volume, it does not have a definite shape.

🇨 液体是物质的状态之一。液体具有流动性，因此物质在液态时，具有一定的体积，而无一定的形状。

003 gas /ɡæs/   *n.* 气体

🇪 Gas is defined as a state of matter consisting of particles that have neither a defined volume nor defined shape.

🇨 气体是物质的状态之一。气体没有固定的形状也没有固定的体积。

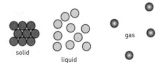

solid   liquid   gas

004 **vapour** /ˈveɪpə(r)/   *n.* 蒸气

- ☐ **E** a gas formed by boiling or evaporating a liquid
- ☐ **释** 蒸气就是液体（液态物质）蒸发或沸腾后所产生（成为）的气体。
- ☐

005 **vaporisation** /ˌveɪpəraɪˈzeɪʃn/   *n.* 汽化

- ☐ **E** Vaporisation is the change of the physical state of matter from liquid phase into gas phase.
- ☐
- ☐ **释** 汽化是指物质的物理状态从液相变为气相的过程。

006 **boil** /bɔɪl/   *v.* 煮沸，沸腾，达到沸点

- ☐ **E** When a hot liquid boils or when you boil it, bubbles appear in it and it starts to change into steam or vapour.
- ☐
- ☐ **释** 液体沸腾或者将其煮沸时会产生气泡，形成水蒸气或蒸气。

007 **boiling point**   沸点

- ☐ **E** The boiling point of a liquid is the temperature at which it starts to change into steam or vapour.
- ☐
- ☐ **释** 沸点是指物质由液体开始转变为蒸气时的温度。

008 **melt** /melt/   *v.* 熔化

- ☐ **E** When a solid substance melts or when you melt it, it changes to a liquid, usually because it has been heated.
- ☐
- ☐ **释** 通常在加热的情况下，固体物质熔化或者使其熔化时会变成液体。

009 **molten** /ˈməʊltən/   *adj.* 熔化的；熔断的

- ☐ **E** Molten describes a solid object that's transformed to liquid form by heating.
- ☐
- ☐ **释** 固体的物质在达到一定温度后熔化，成为液态，称为熔融状态。

010 **melting point** 熔点

- ☐ ☐ ☐
- **E** The melting point of a substance is the temperature at which it melts when you heat it.
- **释** 熔点是指物质受加热而熔化时的温度。

011 **condense** /kən'dens/ *v.* 使凝结

- ☐ ☐ ☐
- **E** When a gas or vapour condenses, or is condensed, it changes into a liquid.
- **释** 气体或蒸气凝结或者被凝结时变为液体。

012 **condensation** /ˌkɒnden'seɪʃn/ *n.* 冷凝，凝结

- ☐ ☐ ☐
- **E** Condensation is the change of the physical state of matter from gas phase into liquid phase, and is the reverse of vaporisation.
- **释** 冷凝是指物质的物理状态从气态变为液态的过程，与汽化过程相反。

013 **freezing** /ˈfriːzɪŋ/ *n.* 凝固

- ☐ ☐ ☐
- **E** a phase transition where a liquid turns into a solid when its temperature is lowered
- **释** 凝固是指在温度降低时，物质由液态变为固态的过程。

014 **sublimation** /ˌsʌblɪ'meɪʃn/ *n.* 升华

- ☐ ☐ ☐
- **E** transition of a substance directly from the solid to the gas phase, without passing through the intermediate liquid phase
- **释** 升华指物质直接从固态变为气态的过程。

015 **pressure** /ˈpreʃə(r)/ *n.* 压强

- ☐ ☐ ☐
- **E** The pressure in a place or container is the force produced by the quantity of gas or liquid in that place or container.
- **释** 压强是指某个空间或容器中气体或液体所产生的压力。

016 **temperature** /'temprətʃə(r)/   *n.* 温度

☐
☐ **E** The temperature of something is a measure of how hot or cold
☐   it is.
   释 温度是衡量物质冷热程度的指标。

017 **Brownian** /'braʊniən/ **motion** /'məʊʃn/ 布朗运动

☐
☐ **E** random movement of microscopic particles suspended in a
☐   fluid, caused by bombardment of the particles by molecules of
     the fluid
   释 布朗运动是流体中的悬浮微粒因流体分子的撞击做无规则运动
     的现象。

018 **diffuse** /dɪ'fjuːs/   *vt.* 扩散

☐ **E** Particles move from high concentration to low concentration.
☐ **释** 粒子从高浓度向低浓度运动。
☐

019 **ammonia** /ə'məʊniə/   *n.* 氨气

☐
☐ **E** Ammonia is a gas with a strong, sharp smell, with a formula
☐   of NH_3.
   释 氨气是一种具有强烈刺激性气味的气体，分子式为 NH_3。

020 **hydrochloric** /ˌhaɪdrəʊ'klɒrɪk/ **acid**   盐酸

☐ **E** a colourless, strong acid with a formula of HCl
☐ **释** 盐酸是一种无色强酸，分子式为 HCl。
☐

Separating Substances 物质分离

扫一扫
听本节音频

021 mixture /ˈmɪkstʃə(r)/　　　　*n.* 混合物，混合剂；混合

🇪 A mixture contains more than one substance.

🈖 混合物是两种或多种物质混合而成的物质。

022 solution /səˈluːʃn/　　　　　　　　　　*n.* 溶液

🇪 A solution is a liquid in which a solid substance has been dissolved.

🈖 溶液是两种或两种以上物质组成的均一、稳定的混合物，如固体溶解于某液体中所形成的混合物。

Salt
(Solute)

023 solute /ˈsɒljuːt/　　　　*n.* 溶质

🇪 a substance that is dissolved into solvent

🈖 溶质是溶解在溶剂中的物质。

Water
(Solvent)

Dissolve

024 solvent /ˈsɒlvənt/　　　　*n.* 溶剂

🇪 A solvent is a liquid that can dissolve other substances.

🈖 溶剂是一种可以溶解其他物质的液体。

Salt
Solution

025 volatile /ˈvɒlətaɪl/　　　　　　　　*adj.* 挥发性的

🇪 A volatile liquid or substance is one that will quickly change into a gas.

🈖 挥发性液体或物质是指易转化为气态的物质。

026 **pure** /pjʊə(r)/   *adj.* 纯的；纯粹的

☐ **🅔** A pure substance has no other substance mix with it.
☐ **🅡** 纯净物指由一种单质或一种化合物组成的物质，没有其他物质
☐ 混合在其中。

027 **purity** /ˈpjʊərəti/   *n.* 纯度

☐ **🅔** purity of a substance= (mass of pure substance in it/total
☐ mass) × 100%
☐ **🅡** 物质纯度（%）=（纯净物质量 / 总质量）× 100%

028 **impurity** /ɪmˈpjʊərəti/   *n.* 杂质

☐ **🅔** Impurities are substances that are present in small quantities
☐ in another substance and make it dirty or of an unacceptable
☐ quality.
🅡 杂质是指某物质中存在的少量其他物质，对主物质的纯净度或
质量造成影响。

029 **filter** /ˈfɪltə(r)/   *v.* 过滤；用过滤法除去
                                 n. 漏斗

☐ **🅔** to filter a substance means to pass it through
☐ a device which is designed to remove certain
☐ particles contained in it
🅡 过滤是最常用的分离溶液与沉淀的操作方法。当
溶液和沉淀的混合物通过过滤器（如滤纸）时，
沉淀就留在过滤器上，溶液则通过过滤器而流入
接收的容器。

030 **filtration** /fɪlˈtreɪʃn/   *n.* 过滤；筛选

☐ **🅔** the process of filtering a substance
☐ **🅡** 过滤是一种物质提纯的过程。
☐

031 **filtrate** /ˈfɪltreɪt/   *n.* 滤液

☐ **E** a liquid or gas that has been filtered
☐ **释** 滤液是经过过滤的液体或气体。
☐

032 **residue** /ˈrezɪdjuː/   *n.* 残渣，剩余，滤渣

☐ **E** the trapped solid left on filter paper
☐ **释** 残渣是滤纸上残留的固体。
☐

033 **crystallisation** /ˌkrɪstəlaɪˈzeɪʃn/   *n.* 结晶

☐ **E** the formation of crystals
☐ **释** 结晶是形成晶体的过程。
☐

034 **distillation** /ˌdɪstɪˈleɪʃn/   *n.* 精馏，净化；蒸馏法

☐ **E** the process of purifying a liquid by boiling it and condensing
☐   its vapours
☐ **释** 精馏是通过煮沸和冷凝来净化液体的过程。
   拓 thermometer 温度计①
       condenser 冷凝管②
       distillation flask 蒸馏瓶③
       salt water 盐水④
       heating 加热⑤
       cooling water out 冷却水排出⑥
       cooling water in 冷却水进入⑦
       distillate (pure water) 馏 出 液
       （纯水）⑧

035 **fractional** /ˈfrækʃənl/ **distillation** /ˌdɪstɪˈleɪʃn/
                                   分馏

☐ **E** the separation of a mixture depends on boiling points
☐ **释** 分馏是分离几种不同沸点的挥发性物质的混合物的一种方法。
☐

036 **paper chromatography** /ˌkrəʊməˈtɒɡrəfi/

纸色层分析法

- 🅔 an analytical method used to separate colored chemicals or substances
- 🅡 纸色谱法（又称纸色层分析法）是分析化学中一种用来分离混合物的色谱技术。

037 **locating agent** /ˈeɪdʒənt/

定位剂

- 🅔 substance used to make invisible spots visible in paper chromatography
- 🅡 定位剂是在纸层析过程中使看不见的点可见的物质。

038 **atom** /'ætəm/   *n.* 原子

☐
☐ **E** An atom is the smallest amount of a substance that can take
☐   part in a chemical reaction.
     释 原子是能参与化学反应的最小微粒。

039 **atomic** /ə'tɒmɪk/ **number**   原子序数

☐
☐ **E** number of protons
☐   **释** 原子序数就等于质子数。

040 **element** /'elɪmənt/   *n.* 元素，单质

☐
☐ **E** substance made of atoms with the same atomic number
☐   **释** 元素是由具有相同原子序数的原子组成的物质。

041 **nucleus** /'nju:kliəs/   *n.* 原子核

☐
☐ **E** the small, dense region consisting of protons and neutrons at
☐   the center of an atom
     释 原子核位于原子的核心部分，由质子和中子两种微粒构成。
     复 nuclei

042 **electron** /ɪ'lektrɒn/   *n.* 电子

☐
☐ **E** an elementary particle with negative charge
☐   **释** 电子是带负电荷的基本粒子。

043 **proton** /'prəʊtɒn/   *n.* 质子

☐
☐ **E** A proton is an atomic particle that has a positive electrical
☐   charge.
     释 质子是带正电荷的原子粒子。

044 **neutron** /'njuːtrɒn/   *n.* 中子

- **E** A neutron is an atomic particle that has no electrical charge.
- **释** 中子是不带电荷的原子粒子。

045 **nucleon** /'njuːklɪˌɒn/   *n.* 核子

- **E** protons and neutrons
- **释** 核子是指质子和中子。

046 **nucleon/mass number**   核子数/质量数

- **E** the total number of protons and neutrons
- **释** 核子数是质子和中子的总数。
- **回** mass number 质量数

047 **periodic** /ˌpɪəriˈɒdɪk/ **table**   元素周期表

- **E** a tabular arrangement of the chemical elements according to atomic number as based on the periodic law
- **释** 元素周期表是指根据周期律按原子序数排列的化学元素列表。

048 **group** /gruːp/   *n.* 族

- **E** the columns in periodic table. Elements in the same group have the same number of electrons in outer shell.
- **释** 族是元素周期表中的列，同族元素的外层电子数相同。

049 **period** /'pɪəriəd/   *n.* 周期

- **E** the rows in periodic table. Elements in the same period have the same number of electron shells.
- **释** 周期是元素周期表中的行，同周期元素的电子层数相同。

050 **isotope** /ˈaɪsətəʊp/   *n.* 同位素

ⓔ atoms of the same element which have the same number of protons, but different number of neutrons

㊣ 同位素是同一元素的不同原子，质子数相同但中子数不同。

051 **radioactive** /ˌreɪdiəʊˈæktɪv/   *adj.* 放射性的；有辐射的

ⓔ Its nucleus is unstable, sooner or later the atom breaks down naturally or decays, giving out radiation in the forms of rays and particles, plus a large amount of energy.

㊣ 元素从不稳定的原子核放出射线或粒子，释放出大量能量，逐渐自然分解或衰变的现象。

052 **carbon-14 dating**   碳十四断代法

ⓔ Scientists can tell the age of ancients by measuring the radioactivity from them.

㊣ 科学家可以通过测量古生物化石的放射性来确定其年代。

053 **electron** /ɪˈlektrɒn/ **shell**   电子层

ⓔ Electrons are arranged in shells around the nucleus.

㊣ 电子层是包围着原子核的各层电子轨道。

054 **valency** /ˈveɪlənsɪ/ **shell**   价层，最外层电子层

ⓔ the outer shell

㊣ 价层是外电子层。

055 **unreactive** /ˌʌnrɪˈæktɪv/   *adj.* 化学上惰性的

ⓔ (of a substance) not readily partaking in chemical reactions

㊣ 化学上惰性的即（物质）不易发生化学反应的性质。

056 **chemical property** /ˈprɒpəti/ 化学性质

- **英** a property used to characterise materials in reactions that change their identity
- **释** 化学性质是指物质在化学变化中表现出来的性质，涉及本质的变化。

057 **physical property** 物理性质

- **英** a property used to characterise physical objects
- **释** 物理性质是指不需要经过化学变化或没有发生化学反应就表现出来的性质，用于描述物理对象的特征。

058 **compound** /'kɒmpaʊnd/   *n.* 化合物

E Compound is a substance made from two (or more) elements chemically combined.

释 化合物是由两种（或两种以上）的元素通过化学键结合在一起的化学物质。

059 **chemical change**   化学变化

E When you heat a mixture of iron and sulfur, a chemical change takes place. You can tell when a chemical change has taken place, by these three signs: new substance formed, energy taken in or given out, the change is usually hard to reverse.

释 化学变化通常伴有三种迹象：有新物质形成，有能量的吸收或释放，变化难以逆转。通过这三种迹象可以判断某过程是否为化学变化。例如，对铁和硫的混合物进行加热，便会发生化学变化。

060 **physical change**   物理变化

E If no chemical substance is formed, a change is a physical change.

释 物理变化是没有形成新化学物质的变化。

061 **noble** /'nəʊbl/ **gas**   稀有气体，惰性气体

E any of the chemically inert gaseous elements of the helium group in the periodic table

释 稀有气体是元素周期表上的 0 族元素所组成的气体。

同 inert gas

062 **ion** /'aɪən/   *n.* 离子

☐
☐
☐
- **英** a particle that is electrically charged (positive or negative); an atom that has lost or gained one or more electrons
- **释** 离子是带电荷（正电或负电）的粒子；失去或获得一个或多个电子的原子。

063 **positive ion**   阳离子

☐
☐
☐
- **英** Positive ions are formed when atoms lose electrons.
- **释** 原子失去电子时成为阳离子。
- **同** cation

064 **negative ion**   阴离子

☐
☐
☐
- **英** Negative ions are formed when atoms gain electrons.
- **释** 原子获得电子时成为阴离子。
- **同** anion

065 **polyatomic ion**   原子团

☐
☐
☐
- **英** composed of two or more atoms covalently bonded that can be considered to be acting as a single unit; For example, carbonate ion CO_3^{2-}.
- **释** 除了单个原子，原子团还可以由 2 个或多个原子由共价键结合形成，比如碳酸根离子，CO_3^{2-}。

066 **ionic** /aɪ'ɒnɪk/ **bond**   离子键

☐
☐
☐
- **英** electrostatic attraction force between positive ions and negative ions
- **释** 离子键是阴阳离子间的静电引力。

067 **ionic** /aɪ'ɒnɪk/ **compound**   离子化合物

☐
☐
☐
- **英** the crystal structure of sodium chloride, NaCl, a typical ionic compound. The yellow spheres are sodium cations, Na^+, and the green spheres are chloride anions, Cl^-
- **释** 氯化钠（NaCl）是一种典型的离子化合物，具有晶体结构，紫色球体代表钠离子（Na^+），绿色球体代表氯离子（Cl^-）。

068 **covalent** /ˌkəʊˈveɪlənt/ **bond**

共价键

- **E** attraction force between shared electrons and two nuclei
- **释** 共价键是共用电子与双核之间的引力。

069 **covalent compound**

共价化合物

- **E** Non-metals react together to form covalent compounds.
- **释** 非金属发生反应形成共价化合物。

070 **solubility** /ˌsɒljuˈbɪləti/

n. 溶解度

- **E** the quantity of a particular substance that can dissolve in a solvent (yielding s saturated solution) at a specific temperature
- **释** 溶解度是在一定温度下，某物质在溶剂中达到饱和状态时所溶解的质量。

071 **graphite** /ˈɡræfaɪt/

n. 石墨

- **E** Graphite is a soft black substance that is a form of carbon. It is used in pencils and electrical equipment.
- **释** 石墨是碳的一种同素异形体，质软，呈黑色，常用于制作铅笔或电气设备。

072 **diamond** /ˈdaɪmənd/

n. 金刚石

- **E** A diamond is a hard, bright, precious stone which is clear and colourless.
- **释** 金刚石是一种坚硬、明亮、无色、剔透的宝石。

073 **lattice** /'lætɪs/   *n.* 晶格

- **🇪** regular three-dimensional arrangement of particles
- **释** 晶格是粒子的规则三维排列。

074 **metallic** /mə'tælɪk/ **bonding**   金属键

- **🇪** attraction force between positive ions and delocalised electrons
- **释** 金属键是阳离子与离域电子之间的引力。

075 **ductile** /'dʌktaɪl/   *adj.* 可拉成细丝的，有延展性的

- **🇪** can be drawn into wires
- **释** 物体在外力作用下能延伸成细丝而不断裂的性质叫有延展性的。

076 **malleable** /'mæliəbl/   *adj.* 易成型的；有展性的；可锻的

- **🇪** can be bent and pressed into shape
- **释** 物体在外力（锤击或滚轧）作用能碾成薄片而不破裂的性质叫有展性的。

077 **delocalised** /di:'ləʊkəlaɪzd/ **electron** /ɪ'lektrɒn/
离域电子

- **🇪** The outer shell electrons occupy new energy levels and are free to move throughout the metal lattice. Delocalised electrons are electrons that are not associated with any one particular atom or bond.
- **释** 离域电子是指外层电子占据了新的能级，可以在金属晶格中自由移动。离域电子与分子中某个特定的原子或化学键无关。

扫一扫
听本节音频

078 **molecular** /mə'lɪkjuːl/ **formula** /'fɔːmjələ/　分子式

- 🄴 a chemical formula indicating the numbers and types of atoms in a molecule
- 🄡 分子式是表示分子中包含的原子数量和类型的化学式子。

079 **valency** /'veɪlənsi/　n. 化合价；原子价

- 🄴 The valency of an element is the number of electrons its atoms lose, gain or share, to form a compound.
- 🄡 元素化合价是指原子在形成化合物时失去、获得或共享的电子数目。

080 **reactant** /ri'æktənt/　n 反应物；反应剂

- 🄴 a substance that participates in a chemical reaction, especially a substance that is present at the start of the reaction
- 🄡 反应物是参与化学反应的物质，尤指反应开始时存在并在反应时发生化学变化的物质。
- 🄡 reagent

081 **product** /'prɒdʌkt/　n. 生成物，产物

- 🄴 a substance formed in a chemical reaction
- 🄡 生成物是在化学反应中形成的物质。

082 **aqueous** /'eɪkwiəs/ **solution**　水溶液

- 🄴 a solution in which the solvent is water
- 🄡 水溶液是指溶剂是水的溶液。

083 **state symbol** 状态符号

☐
☐
☐
🅑 Reactants and products may be solids, liquids, gases or in solution. You can show their states by adding state symbols to the equations, s for solid, l for liquid, g for gas, and aq for aqueous solutions.

🈂 反应物和产物可以以固体、液体、气体或溶液的形式存在。在化学反应方程式中反应物和生成物的状态可以用符号来表示，s 表示固体，l 表示液体，g 表示气体，aq 表示水溶液。

084 **relative atomic** /əˈtɒmɪk/ **mass** 相对原子质量

☐
☐
☐
🅑 average mass of an atom relative to 1/12 mass of an atom of C-12

🈂 以一个碳 -12 原子质量的 1/12 为标准，某原子的平均原子质量与该标准的比值，称为该原子的相对原子质量。

085 **relative molecular** /məˈlekjələ(r)/ **mass** 相对分子质量

☐
☐
☐
🅑 the sum of the relative atomic masses of the constituent atoms of a molecule

🈂 相对分子质量是分子中各原子的相对原子质量之和。

086 **relative formula** /ˈfɔːmjələ/ **mass** 相对式量

☐
☐
☐
🅑 The relative formula mass of a compound is the sum of the relative atomic masses of all the atoms in its formula.

🈂 化合物的相对式量是其实验式中所有原子的相对原子质量之和。

087 **percentage** /pəˈsentɪdʒ/ **composition** /ˌkɒmpəˈzɪʃn/ 组成百分比

☐
☐
☐
🅑 Percentage composition is the percentage by mass of each of the elements in a sample of a compound.

🈂 组成百分比是化合物中每种元素的质量百分比。

扫一扫
听本节音频

088 **mole** /məʊl/   *n.* 摩尔

☐
☐
☐

🄴 A mole of a substance is the amount that contains the same number of units as the number of carbon atoms in 12 grams of carbon-12.

🄲 摩尔是物质的量的单位，1 摩尔等于 12 克碳 -12 所包含的原子个数。

089 **the Avogadro** /ˌævɒˈɡɑːdrəʊ/ **constant**
/ˈkɒnstənt/   阿伏伽德罗常数

☐
☐
☐

🄴 the number of 'entities' (usually, atoms or molecules) in one mole; this huge number is 6.02×1023.

🄲 阿伏德罗常数是 1 摩尔物质所含 "实体"（如分子或原子）的数量，一般取 6.02×1023 为其近似值。

090 **molar** /ˈməʊlə(r)/ **mass**   摩尔质量

☐
☐
☐

🄴 the mass of one mole substance

🄲 摩尔质量是 1 摩尔物的质量。

091 **molar** /ˈməʊlə(r)/ **volume**   摩尔体积

☐
☐
☐

🄴 The volume occupied by 1 mole of a gas is called its molar volume

🄲 摩尔体积是 1 摩尔气体所占的体积。

092 **concentration** /ˌkɒnsnˈtreɪʃn/   *n.* 浓度

☐
☐
☐

🄴 the strength of a solution; number of moles of a substance in a given volume (expressed as moles/cubic decimeter)

🄲 浓度是溶液的强度，单位体积溶液内所含溶质的摩尔数（单位：摩尔 / 立方分米）。

093 empirical /ɪmˈpɪrɪkl/ formula /ˈfɔːmjələ/

实验式；经验式

- ☐
- ☐ ⒺThe empirical formula shows the simplest ratio in which atoms combine.
- ☐ ㊗实验式显示了分子中各原子结合的最简比率。

094 limiting reagent /riˈeɪdʒənt/

限量反应物

- ☐
- ☐ Ⓔthe substance that is totally consumed when the chemical reaction is completed
- ☐ ㊗限量反应物是指当化学反应完成时完全消耗的物质。
- Ⓢlimiting reactant, limiting agent

095 **reduction** /rɪ'dʌkʃn/   *n.* 还原反应

- ☐ **ⓔ** Reduction is loss of oxygen, or gain of electrons.
- ☐ **㊟** 还原反应是失去氧或者获得电子的过程。
- ☐

096 **oxidation** /ˌɒksɪ'deɪʃn/   *n.* 氧化反应

- ☐ **ⓔ** Oxidation is gain of oxygen, or loss of electrons.
- ☐ **㊟** 氧化反应是获得氧或者失去电子的过程。
- ☐

097 **redox** /'riːdɒks/   *n.* 氧化还原反应

- ☐ **ⓔ** redox reactions, in which oxidation and reduction occur, any
- ☐ reaction in which electron transfer takes place is a redox
- ☐ reaction
  - **㊟** 任何发生电子转移的反应都是氧化还原反应，既有氧化反应又有还原反应。

098 **combustion** /kəm'bʌstʃən/   *n.* 燃烧

- ☐ **ⓔ** the act of burning something or the process of burning
- ☐ **㊟** 燃烧是指可燃物质受热着火的过程，一种放热发光的化学反应。
- ☐

099 **half equation** /ɪ'kweɪʒn/   半反应式

- ☐ **ⓔ** You can use half-equations to show the electron transfer in a
- ☐ reaction. One half-equation shows electron loss, and the other
- ☐ shows electron gain.
  - **㊟** 半反应式用于表示反应中的电子转移。一个半方程式表示失去电子的过程，另一个表示获得电子的过程。

100 ionic /aɪˈɒnɪk/ equation 离子方程式

- **E** a chemical equation for a reaction that lists only those species participating in the reaction
- **释** 用实际参与反应的离子符号表示离子反应的化学方程式。

101 oxidation state 化合价

- **E** Oxidation state tells you how many electrons each atom of an element has gained, lost, or shared, in forming a compound.
- **释** 化合价是某元素的一个原子在形成化合物的过程中获得、失去或共享的电子数量。
- **同** oxidation number

102 reducing agent 还原剂

- **E** A reducing agent reduces another substance during a redox reaction — and is itself oxidised.
- **释** 还原剂在氧化还原反应中还原另一种物质，还原剂本身则被氧化。

103 oxidising /ˈɒksɪdaɪzɪŋ/ agent 氧化剂

- **E** An oxidising agent oxidises another substance during a redox reaction—and is itself reduced.
- **释** 氧化剂在氧化还原反应中氧化另一种物质，氧化剂本身则被还原。

104 potassium /pəˈtæsiəm/ manganate(VII)
/ˈmæŋɡəˌneɪt/ 高锰酸钾

- **E** Potassium manganate (VII) is a purple compound. Its formula is $KMnO_4$.
- **释** 高锰酸钾是一种紫色化合物，分子式为 $KMnO_4$。

Electricity and Chemical Change 电能与化学变化

扫一扫
听本节音频

105 **conductor** /kən'dʌktə(r)/   *n.* 导体

🄴 A conductor is a substance that electricity can pass through or along.

🈂 导体是一种可以传导电流的物体。

106 **insulator** /'ɪnsjuleɪtə(r)/   *n.* 绝缘体

🄴 Substances do not let electricity pass through them. They are non-conductors.

🈂 不导电的物体为绝缘体，也就是非导体。

107 **electrolysis** /ɪˌlek'trɒləsɪs/   *n.* 电解

🄴 Electrolysis is the breaking down of an ionic compound, when molten or in aqueous solution, by the passage of electricity.

🈂 电解是指离子化合物在熔融状态或在水溶液中通过电流进行分解的过程。

108 **electrolyte** /ɪ'lektrəlaɪt/   *n.* 电解液，电解质

🄴 A liquid that conducts electricity is called an electrolyte.

🈂 能导电的液体叫电解液。

109 **electrode** /ɪ'lektrəʊd/   *n.* 电极

🄴 a rod of metal or carbon (graphite) which conducts electricity to or from an electrolyte

🈂 电极是一种能将电流传导至电解液或从电解液中传出的金属棒或碳（石墨）棒。

110 **anode** /'ænəʊd/   *n.* 阳极（电解池）

- 🇪 the positively charged electrode attached to the positive terminal of the battery
- 🇨 能使电解质发生氧化反应的电极称为阳极，与电源正极相连。

111 **cathode** /'kæθəʊd/   *n.* 阴极（电解池）

- 🇪 the negative electrode attached to the negative terminal of the battery
- 🇨 能使电解质发生还原反应的电极称为阴极，与电源负极相连。

112 **halide** /'hælaɪd/   *n.* 卤化物
                            adj. 卤化物的

- 🇪 a compound that contains chloride ion, bromide ion or iodide ions
- 🇨 卤化物是一种含有氯离子、溴离子或碘离子的化合物。

113 **brine** /braɪn/   *n.* 卤水；盐水；海水
                          vt. 用浓盐水处理（或浸泡）

- 🇪 Brine is a concentrated solution of sodium chloride, or common salt.
- 🇨 卤水是氯化钠或食盐的浓缩溶液。

114 **corrosive** /kə'rəʊsɪv/   *adj.* 腐蚀的；侵蚀性的
                                  n. 腐蚀物

- 🇪 A corrosive substance is able to destroy solid materials by a chemical reaction.
- 🇨 腐蚀性物质能够通过化学反应破坏固体材料。

115 **flammable** /ˈflæməbl/ *adj.* 易燃的；可燃的；可燃性的
                                                  n. 易燃物

- **E** flammable chemicals, gases, cloth, or other things that catch fire and burn easily
- **释** 易燃物质是指容易着火燃烧的化学品、气体、布料或其他物品。
- **同** combustible

116 **electroplating** /ɪˈlektrəpleɪtɪŋ/   *n.* 电镀；电镀术

- **E** Electroplating means using electricity to coat one metal with another, to make it look better, or to prevent corrosion.
- **释** 电镀是指用电流把一种金属涂在另一种金属表面，起美化或防腐蚀作用。

Energy Changes, and Reversible Reactions 能量变化与可逆反应

扫一扫
听本节音频

---

117 **exothermic** /ˌeksəʊˈθɜːmɪk/ **reaction** 放热反应

- **E** a chemical reaction accompanied by the evolution of heat
- **释** 放热反应是一种释放热量的化学反应。

---

118 **endothermic** /ˌendəʊˈθɜːmɪk/ **reactions** 吸热反应

- **E** Endothermic reactions take in energy from their surroundings.
- **释** 吸热反应是指（在反应过程中）从环境中吸收能量的化学反应。

---

119 **bond energy** 键能；结合能

- **E** Bond energy is the energy needed to break bonds, or released when these bonds form. It is given in kJ / mole.
- **释** 键能是指化合键断裂所需的能量，或者化学键形成时所释放出的能量，单位为千焦 / 摩尔。

---

120 **fuel** /ˈfjuːəl/ *n.* 燃料

- **E** any material that can be made to react with other substances so that it releases energy as heat energy
- **释** 燃料是能通过与其它物质反应释放出能量的物质。

---

121 **nuclear fuel** 核燃料，原子核燃料

- **E** Nuclear fuel is fuel that provides nuclear energy, for example in power stations.
- **释** 核燃料是指提供核能的燃料，比如在发电站较为常见。

---

122 **simple cell** 电池

E A simple cell consists of two metals and one electrolyte. The more reactive metal is the negative pole of the cell. Electrons flow out from it.

释 一个简单的电池由两种金属和一种电解质组成。活性较强的金属是电池的负极。电子从负极流出。

123 **hydrogen** /ˈhaɪdrədʒən/ **fuel cell** 氢燃料电池

E combining hydrogen and oxygen to produce electricity, heat, and water

释 氢燃料电池是将氢气和氧气的化学能直接转换成电能的发电装置。

124 **reversible** /rɪˈvɜːsəbl/ **reaction** 可逆反应

E The reaction can go in either direction.

释 （在同一条件下）既能朝正反应方向进行，又能朝逆反应方向进行的反应，称为可逆反应。

125 **hydrated** /haɪˈdreɪtɪd/ *adj.* 含水的

E containing combined water (especially water of crystallisation as in a hydrate)

释 含水的即含结合水（尤指水合物中的结晶水）的。

126 **anhydrous** /ænˈhaɪdrəs/ *adj.* 无水的

E without water; especially without water of crystallisation

释 无水的即不含水，尤指没有结晶水的情况。

127 **copper(II)** /ˈkɒpə(r)/ **sulfate** /ˈsʌlfeɪt/ 硫酸铜

E Copper(II) sulfate is an inorganic compound, with the formula $CuSO_4$.

释 硫酸铜是无机化合物，化学式为 $CuSO_4$。

128 cobalt(II) /ˈkəʊbɔːlt/ chloride /ˈklɔːraɪd/　　氯化钴

- ☐ ☐ ☐ **E** Cobalt(II) chloride is an inorganic compound of cobalt and chlorine, with the formula CoCl₂.
- **释** 氯化钴是由钴元素和氯元素组成的无机化合物，化学式为 $CoCl_2$。

129 closed system　　封闭系统

- ☐ ☐ ☐ **E** a system in which neither matter nor energy can be lost or gained. An equilibrium can never occur in a system that is not closed.
- **释** 封闭系统是没有物质和能量既不会失去也不会获得的系统。封闭系统中才能达到反应平衡。

130 equilibrium /ˌiːkwɪˈlɪbriəm/　　*n.* 平衡

- ☐ ☐ ☐ **E** A reversible reaction reaches a state of dynamic equilibrium, where the forward and back reactions take place at the same rate.
- **释** 可逆反应达到动态平衡的状态时，正反应和逆反应以相同的速率发生。
- **复** equilibria

131 Le Chatelier's principle　　勒夏特列原理

- ☐ ☐ ☐ **E** When a reversible reaction is in equilibrium and you make a change, the system acts to oppose the change.
- **释** 如果改变一个已经达到平衡状态的可逆反应的条件，该化学平衡就被破坏，并向减弱这种改变的方向移动。

132 catalyst /ˈkætəlɪst/　　*n.* 催化剂

- ☐ ☐ ☐ **E** a substance added to speed up a chemical reaction, which remains chemically unchanged
- **释** 催化剂是指能够提高化学反应速率的物质，在反应过程中催化剂化学性质不会改变。

扫一扫
听本节音频

133 **reaction rate** /reɪt/ 反应速率

☐
☐ **E** the change in concentration of reactant or product per time
☐ **释** 反应速率通常以单位时间内反应物或生成物浓度的变化值来表示。

134 **collision** /kə'lɪʒn/ **theory** 碰撞理论

☐ **E** Reaction rate tends to increase with concentration phenomenon
☐ explained by collision theory.
☐ **释** 碰撞理论可用于解释反应速率随浓度增加的现象。

135 **enzyme** /'enzaɪm/ *n.* 酶

☐ **E** Enzymes are proteins made by cells, to act as biological
☐ catalysts.
☐ **释** 酶是细胞产生的蛋白质，起生物催化剂的作用。

136 **enzyme specificity** /ˌspesɪ'fɪsəti/ 酶的专一性

☐ **E** Most enzymes are described as specific because they will only
☐ catalyse one reaction involving one particular molecule or pair
☐ of molecules.
☐ **释** 酶对所作用的底物有严格的选择性。一种酶仅能作用于一种物
质，或一类分子结构相似的物质，促其进行一定的化学反应，
产生一定的反应产物，这种选择性作用称为酶的专一性。

137 **active site** (of an enzyme) 活性部位

☐ **E** Active site is the 'pocket' on an enzyme surface where the
☐ substrate binds and undergoes catalytic reaction.
☐ **释** 活性部位是酶表面的一个"口袋"，底物通过该部位与酶结合
并进行催化反应。

138 **substrate** /ˈsʌbstreɪt/   *n.* 底物

- ☐ **E** a molecule that fits into the active site of an enzyme and
- ☐ reacts
- ☐ **释** 底物是与酶的活性部位相匹配并发生反应的分子。

139 **lock-and-key mechanism** /ˈmekənɪzəm/
锁钥机理

- ☐ **E** a model used to explain why enzymes are so specific in their
- ☐ activity. It is suggested that the active site of the enzyme has
- ☐ a shape into which the substrate fits exactly—rather like a
  particular key fits a particular lock.
- **释** 锁钥机理是指一种用于解释为什么酶的活性具有特定性的模型。
  有人认为，酶的活性部位具有与底物完全匹配的形状——就像
  某把锁特有的钥匙。

140 **denaturation** /diːˌneɪtʃəˈreɪʃən/   *n.* 变性

- ☐ **E** The process by which the three-dimensional structure of a
- ☐ protein or other biological macromolecule is changed, often
- ☐ irreversibly.
- **释** 变性是指改变蛋白质或其他生物大分子的三维结构的过程，通常
  不可逆。

141 **activation** /ˌæktɪˈveɪʃn/ **energy**   活化能

- ☐ **E** the minimum energy needed for a reaction to occur
- ☐ **释** 活化能是指某反应发生所需要的最低能量。
- ☐

142 **photochemical reaction**   光化反应

- ☐ **E** Some chemical reactions obtain the energy they need from
- ☐ light. They are called photochemical reactions.
- ☐ **释** 有的化学反应所需的能量是从光中吸收的，这种化学反应称为
  光化反应。

photosynthesis /ˌfəʊtəʊˈsɪnθəsɪs/   *n.* 光合作用

- **E** Photosynthesis is the reaction between carbon dioxide and water, in the presence of chlorophyll and sunlight, to produce glucose.
- **释** 光合作用是二氧化碳和水在叶绿素和阳光的作用下产生葡萄糖的反应。

第十一节
Acids, Bases, and Salts 酸碱盐

扫一扫
听本节音频

---

144 **sulfuric** /sʌl'fjʊːrɪk/ **acid**   硫酸

- **㊐** a highly corrosive, dense, oily liquid, H_2SO_4, colourless to dark brown depending on its purity and used to manufacture a wide variety of chemicals and materials including fertilizers, paints, detergents, and explosives
- **㊊** 硫酸是一种腐蚀性很强的浓稠油状液体，化学式为 H_2SO_4，颜色随其纯度变化，纯硫酸为无色，有杂质的硫酸呈褐色，常用于制造各种化学品和材料，如化肥、油漆、洗涤剂和炸药等。

---

145 **nitric** /'naɪtrɪk/ **acid**   硝酸

- **㊐** a colourless to yellowish, fuming corrosive liquid, HNO_3
- **㊊** 硝酸是一种具有强腐蚀性的液体，无色或淡黄色，遇空气会冒烟，化学式为 HNO_3。

---

146 **ethanoic** /ˌeθəˈnəʊɪk/ **acid**   乙酸；醋酸

- **㊐** a sour, colourless, liquid organic acid, CHCOOH
- **㊊** 乙酸是一种无色的液体有机酸，化学式为 CHCOOH。

---

147 **acid** /'æsɪd/   n. 酸

- **㊐** acids that are proton donors
- **㊊** 酸是能提供质子的物质。
- **㊏** acidic *adj.* 酸性的

---

148 **strong acid**   强酸

- **㊐** acids that completely dissociate into ions
- **㊊** 强酸是能在溶液中完全电离的酸。

---

149 weak acid
弱酸

- **E** acids that incompletely dissociate into ions
- **释** 弱酸是在溶液中不完全电离的酸。

150 alkali /ˈælkəlaɪ/
n. 碱（可溶的碱）

- **E** Alkali is a base that is soluble in water.
- **释** 可溶的碱是可溶于水的碱。

151 base /beɪs/
n. 碱

- **E** Bases are proton acceptors.
- **释** 碱是能接受质子的物质。

152 strong base
强碱

- **E** bases that completely dissociate into ions
- **释** 强碱是能完全分解成离子的碱。

153 weak base
弱碱

- **E** bases that incompletely dissociate into ions
- **释** 弱碱是不能完全分解成离子的碱。

154 indicator /ˈɪndɪkeɪtə(r)/
n. 指示剂

- **E** substances indicating whether something is an acid or an alkali
- **释** 指示剂是检验溶液酸碱性的常用化学试剂。

155 litmus /ˈlɪtməs/
n. 石蕊

- **E** a soluble powder obtained from certain lichens. It turns red under acid conditions and blue under basic conditions and is used as an indicator.
- **释** 石蕊是从某些地衣中提取的可溶性粉末，遇酸变红，遇碱变蓝，用作指示剂。

156 methyl /'miːθaɪl/ orange 甲基橙

E It turns red under acid conditions and yellow under basic conditions and is used as an indicator.

释 甲基橙遇酸变红，遇碱变黄，用作指示剂。

157 phenolphthalein /ˌfiːnɒlˈθeɪliːn/
n. 酚酞（一种测试碱性的试剂）

E It turns colourless under acid conditions and pink under basic conditions and is used as an indicator.

释 酚酞遇酸变为无色，遇碱变为粉红色，用作指示剂。

158 universal indicator /'ɪndɪkeɪtə(r)/ 通用指示剂

E a mixture of dyes, like litmus, that can be used as a solution, or a paper strip

释 通用指示剂是多种酸碱指示剂的混合物，和石蕊一样可以做成溶液或试纸。

159 pH scale 酸碱度标度

E You can say how acidic or alkaline a solution is using a scale of numbers called the pH scale. The numbers go from 0 to 14.

释 酸碱度标度用于表示溶液的酸性或碱性程度，标度范围为 0 到 14。

160 neutralisation /ˌnjuːtrəlaɪˈzeɪʃn/ *n.* 中和反应

E a reaction with acid that gives water as well as a salt

释 中和反应是酸和碱反应生成盐和水的反应。

161 calcium oxide 氧化钙

E Calcium oxide (CaO), commonly known as quicklime or burnt lime, is a widely used inorganic compound. It is a white, alkaline, crystalline solid at room temperature.

释 氧化钙，俗称生石灰或石灰，化学式 CaO，是常见的无机化合物。在室温下为白色碱性结晶固体。

162 **calcium** /'kælsɪəm/ **hydroxide** /haɪ'drɒksaɪd/

氢氧化钙

- ☐ ⓔ Calcium hydroxide (traditionally called slaked lime) is an
- ☐ inorganic compound with the chemical formula $Ca(OH)_2$.
- ☐ ⓡ 氢氧化钙，俗称熟石灰，无机化合物，化学式 $Ca(OH)_2$。

163 **limestone** /'laɪmstəʊn/

n. 石灰岩

- ☐ ⓔ Calcium carbonate, $CaCO_3$
- ☐ ⓡ 石灰岩的主要成分是碳酸钙，分子式为 $CaCO_3$。
- ☐

164 **spectator** /spek,teɪtə(r)/ **ion** /'aɪən/

旁观离子

- ☐ ⓔ an ion that exists as a reactant and a product in a chemical
- ☐ equation
- ☐ ⓡ 旁观离子是在化学方程式中既存在于反应物又存在于生成物中
- 的离子。

165 **oxide** /'ɒksaɪd/

n. 氧化物

- ☐ ⓔ compounds containing oxygen and another element, for
- ☐ example, calcium oxide
- ☐ ⓡ 氧化物是由氧元素和另一种元素组成的化合物，如氧化钙。

166 **amphoteric** /ˌæmfə'terɪk/ **oxide** /'ɒksaɪd/

两性氧化物

- ☐ ⓔ An amphoteric oxide will react with both acids and alkalis, for
- ☐ example, Al_2O_3.
- ☐ ⓡ 两性氧化物是既能与酸反应也能与碱反应的氧化物，如三氧化
- 二铝。

167 **neutral oxide**

中性氧化物

- ☐ ⓔ Neutral oxides do not react with acids or bases, for example,
- ☐ carbon monoxide, CO, and dinitrogen oxide, N_2O.
- ☐ ⓡ 中性氧化物不与酸或碱反应，如一氧化碳（CO）和一氧化二氮
- （ N_2O ）都是中性的。

168 **precipitate** /prɪ'sɪpɪteɪt/

vt. 使沉淀

n. 沉淀物

- **⓮** a precipitated solid substance in suspension or after settling or filtering
- **⓯** 悬浮液中的固体物质，或者沉降或过滤后的固体物质。

169 **precipitation** /prɪˌsɪpɪ'teɪʃn/

n. 沉淀反应

- **⓮** Precipitation is a process in a chemical reaction that causes solid particles to become separated from a liquid.
- **⓯** 沉淀反应是指化学反应中固体物质从液体中析出的过程。

170 **titration** /taɪ'treɪʃn/

n. 滴定；滴定法

- **⓮** A measured amount of a solution of unknown concentration is added to a known volume of a second solution until the reaction between them is just complete; the concentration of the unknown solution (the titer) can then be calculated
- **⓯** 滴定是将一定量未知浓度的溶液添加到另一种已知容积的溶液中，直到反应刚刚完成，可以计算出未知溶液的浓度（滴度）。
- **⓰** burette 滴定管①
  sodium hydroxide 氢氧化钠②
  conical flask 锥形瓶③
  10 ml, 0.1 -mol/dm^3 hydrochloric acid 10 毫升 0.1 摩尔每立方分米的盐酸④
  white tile 白色瓷片⑤

171 **titre** /'taɪtə/

n. 滴度

- **⓮** in a titration, the final burette reading minus the initial burette reading
- **⓯** 滴定过程中，滴度是滴定管的最终读数与最初读数之差。

172 **standard solution** /sə'luːʃn/

标准溶液

- **⓮** In analytical chemistry, a standard solution is a solution containing a precisely known concentration of an element or a substance.
- **⓯** 在分析化学中，标准溶液是指具有准确已知某种元素或物质浓度的溶液。

173 **periodicity** /ˌpɪəriə'dɪsɪti/   *n.* 周期性

🅔 Elements with similar properties appear at regular intervals.

🈭 周期性是元素每隔一定的间隔便出现相似的性质。

174 **transition** /træn'zɪʃn/ **element**   过渡元素

🅔 Any element belonging to one of three series of elements with atomic numbers between 21 and 30, 39 and 48, and 57 and 80. They have an incomplete penultimate electron shell and tend to exhibit more than one valency and to form complexes.

🈭 过渡元素是原子序数在 21 到 30、39 到 48 以及 57 到 80 之间的任一元素。这些元素的次外层没有填满电子，价数通常大于 1，容易与各种配位体结合形成配位化合物。

175 **alkali** /'ælkəlaɪ/ **metal**   碱金属

🅔 any of the monovalent metals lithium, sodium, potassium, rubidium, caesium, and francium, belonging to group 1 of the periodic table

🈭 碱金属是一种单价金属，元素周期表第一族中的锂、钠、钾、铷、铯和钫。

176 **density** /'densəti/   *n.* 密度

🅔 In science, the density of a substance or object is the relation of its mass or weight to its volume.

🈭 物质或物体的密度是指其质量或重量与其体积的比值。

177 halogen /ˈhælədʒən/

n. 卤族元素

□
□ **E** The halogens are a group in the periodic table consisting of
□ sex elements: fluorine (F), chlorine (Cl), bromine (Br), iodine (I),
astatine (At) and tennessine (Ts), this group is known as group 17.

释 卤族元素是元素周期表中同属第 17 族的 6 个元素：氟（F）、
氯（Cl）、溴（Br）、碘（I）、砹（At）、鿬（Ts）。

178 diatomic /ˌdaɪəˈtɒmɪk/ molecule /ˈmɒlɪkjuːl/
双原子分子

□ **E** Diatomic molecules contain two atoms, for example, Cl_2.
□ **释** 含有两个原子的为双原子分子，如 Cl_2。
□

179 fluorine /ˈflɔːriːn/

n. 氟元素；氟气

□
□ **E** a nonmetallic univalent element belonging to the halogens;
□ usually a yellow irritating toxic flammable gas, with a formula
of F_2

释 氟元素是一种非金属单价元素，属于卤素。氟气通常为黄色有
毒气体，易燃，有刺激性气味，化学式为 F_2。

180 chlorine /ˈklɔːriːn/

n. 氯元素；氯气

□
□ **E** a common nonmetallic element belonging to the halogens;
□ best known as a heavy yellow irritating toxic gas, with a
formula of Cl_2

释 氯元素是一种非金属单价元素，属于卤素。氯气通常为黄绿色
有毒气体，有刺激性气味，化学式为 Cl_2。

181 bromine /ˈbrəʊmiːn/

n. 溴元素；液溴

□
□ **E** a nonmetallic largely pentavalent heavy volatile corrosive
□ dark brown liquid element belonging to the halogens，with a
formula of Br_2

释 溴元素属于卤素，是一种极易挥发的深褐色液体，具有腐蚀性，
化学式为 Br_2。

182 iodine /ˈaɪədiːn/　　　　　　　　　　　　　　*n.* 碘

- ☺ nonmetallic element belonging to the halogens; used especially in medicine and photography and in dyes; occurs naturally only in combination in small quantities (as in sea water or rocks)
- ㊈ 碘是一种非金属元素，属于卤素，常用于医药、摄影和染料中，仅以天然结合的形式少量存在（于海水或岩石等物质中）。

183 displacement /dɪsˈpleɪsmənt/ reaction 置换反应

- ☺ A displacement reaction is a chemical reaction in which one (or more) element(s) replaces an/other element(s) in a compound. It can be represented generically as: A + B-C → A-C + B.
- ㊈ 置换反应是一种单质与一种化合物作用，生成另一种单质与另一种化合物的反应。 可以用以下公式来表示：A + B-C → A-C + B。

184 metalloid /ˈmetlɔɪd/　　　　　　　　　　　　*n.* 类金属

- ☺ a nonmetallic element, such as arsenic or silicon, that has some of the properties of a metal
- ㊈ 类金属是一种非金属元素，但具有金属的某些性质，如砷或硅。

185 **sonorous** /'sɒnərəs/ *adj.* 响亮的；作响的；能发出响亮声音的

- **E** full and loud and deep
- **释** 响亮的即饱满的、大声的、深沉的。

186 **reactivity** /ˌriːæk'tɪvɪti/ **series** /'sɪəriːz/
金属活动顺序

- **E** In introductory chemistry, the reactivity series or activity series is an empirical series of metals, in order of "reactivity" from highest to lowest.
- **释** 在基础化学里，金属活动顺序是金属在实验中按反应活性由高到低排列的序列。

The reactivity series	
potassium, K	most reactive
sodium, Na	
calcium, Ca	
magnesium, Mg	
aluminium, Al	
carbon	
zinc, Zn	increasing
iron, Fe	reactivity
lead, Pb	
hydrogen	
copper, Cu	
silver, Ag	
gold, Au	least reactive

187 **thermal** /'θɜːml/ **decomposition** /ˌdiːkɒmpə'zɪʃn/
热分解反应

- **E** a chemical decomposition caused by heat
- **释** 热分解反应是因加热升温引起的化学分解反应。

188 **nitrate** /'naɪtreɪt/
n. 硝酸盐

- **E** any compound containing the nitrate group
- **释** 硝酸盐是任何含有硝酸根离子（NO_3^-）的盐类化合物。

189 **thermite** /'θɜːrˌmaɪt/ **process**
铝热法

- **E** This is used to repair rail and tram lines. Powdered aluminium and iron (III) oxide are put in a container over the damaged rail. When the mixture is lit, the aluminium reduces the iron (III) oxide to molten iron, in a very vigorous reaction. The iron runs into the cracks and gaps in the rail, and hardens.

🔄 铝热法常用于修理铁路或电车轨道。将粉状的铝和氧化铁放在受损铁轨上的一个容器里，混合物点燃后会发生剧烈反应，氧化铁在反应中被铝还原为熔融状态的单质铁，流入轨道的裂缝和缝隙中，然后逐渐凝固变硬。

190 sacrificial /ˌsækrɪˈfɪʃl/ protection /prəˈtekʃn/
牺牲性保护作用

🇬🇧 For example, a block of zinc may be welded to the side of a ship. Zinc is more reactive than iron, and zinc is oxidised instead of iron.

🔄 在船舷外焊接锌块便是牺牲性保护的一个例子。因为锌比铁更活泼，所以锌块会首先被氧化，而铁则不会发生反应（由此起到保护的作用）。

191 galvanising /ˈgælvənaɪzɪŋ/　　　　　　n. 镀锌

🇬🇧 In galvanising, the iron or steel is coated with zinc.

🔄 在铁或者钢的表面覆上一层锌的过程叫镀锌。

192 crust /krʌst/　　　　　　　　　　　n. 地壳

🇬🇧 the outer layer of the Earth

🔄 地壳是地球的外层。

193 precious /ˈpreʃəs/ metal　　　　　　　贵金属

🇬🇧 any of the less common and valuable metals, often used to make coins or jewelry

🔄 贵金属是一种不太常见宝贵金属，通常用来制造硬币或珠宝。

194 ore /ɔː(r)/　　　　　　　　　　　n. 矿；矿石

🇬🇧 a mineral that contains metals which are valuable enough to be mined

🔄 矿是一种矿物，其含有的金属具有开采价值。

195 **blast furnace** /'fɜːnɪs/ 高炉

- 🅔 a furnace for smelting of iron from iron oxide ores; combustion is intensified by a blast of air.
- 🅡 高炉是从氧化铁矿石中炼铁的熔炉；通过从风口吹入空气使燃烧加剧。

196 **hematite** /'hiːmətaɪt/ n. 赤铁矿

- 🅔 It is mainly iron (III) oxide, Fe_2O_3, mixed with sand and some other compounds.
- 🅡 赤铁矿是主要由氧化铁（Fe_2O_3）、沙子和其他化合物混合组成。

197 **pig iron** 生铁

- 🅔 The iron from the blast furnace is called pig iron. It is impure. Carbon and sand are its main impurities.
- 🅡 从高炉里炼出来的粗制铁叫生铁，含有杂质，主要杂质为碳和沙子。

198 **bauxite** /'bɔːksaɪt/ 铁铝氧石；铝土矿

- 🅔 a clay-like mineral; the chief ore of aluminum; composed of aluminum oxides and aluminum hydroxides; used as an abrasive and catalyst
- 🅡 铁铝氧石一种粘土状矿物，铝的主要矿石，由氧化铝和氢氧化铝组成，常用作研磨剂和催化剂。

199 **alloy** /'ælbɪ/
n. 合金
v. 把……铸成合金

- 🅔 a mixture containing two or more metallic elements or metallic and nonmetallic elements usually fused together or dissolving into each other when molten
- 🅡 合金是两种或多种金属或非金属元素混合熔化或相互溶解，冷却凝固之后形成的混合物。

200 **steel** /stiːl/   *n.* 钢

- ☐ **E** an alloy of iron with small amounts of carbon; widely used in construction; mechanical properties can be varied over a wide range.
- ☐ **释** 钢是一种含有少量碳的铁合金，广泛用于建筑，机械性能可在大范围内变化。

201 **stainless** /'steɪnlɪs/ **steel**   不锈钢

- ☐ **E** alloy of iron, 70% iron, 20% chromium, and 10% nickel
- ☐ **释** 不锈钢是一种合金，含有 70% 的铁、20% 的铬和 10% 的镍。

202 **mild steel**   低碳钢

- ☐ **E** any of a class of strong tough steels that contain a low quantity of carbon (0.1–0.25 per cent)
- ☐ **释** 低碳钢是任何一类含碳量低（0.1-0.25%）的高强度钢。

203 **brass** /brɑːs/   *n.* 黄铜

- ☐ **E** Brass is a yellow-coloured metal made from copper and zinc. It is used especially for making ornaments and musical instruments.
- ☐ **释** 黄铜是一种由铜和锌制成的黄色金属，常用于制作装饰品和乐器。

204 **bronze** /brɒnz/   *n.* 青铜

- ☐ **E** Bronze is a yellowish-brown metal which is a mixture of copper and tin.
- ☐ **释** 青铜是一种黄褐色金属，是铜和锡的合金。

205 respiration /ˌrespəˈreɪʃn/   *n.* 呼吸；呼吸作用

E the metabolic processes whereby certain organisms obtain energy from organic molecules; processes that take place in the cells and tissues during which energy is released and carbon dioxide is produced and absorbed by the blood to be transported to the lungs

释 呼吸是指有机体从有机分子中获取能量进行新陈代谢的过程，一般在细胞和组织中进行。此过程会释放能量，产生二氧化碳。产生的二氧化碳被血液吸收并输送至肺部。

206 carbon monoxide /mɒˈnɒksaɪd/   一氧化碳

E Carbon monoxide (CO) is a colourless, odourless, and tasteless flammable gas that is slightly less dense than air.

释 一氧化碳，分子式为 CO，是无色、无臭、无味的易燃气体，比空气略轻。

207 toxic /ˈtɒksɪk/   *adj.* 有毒的；中毒的

E A toxic substance is poisonous.

释 有毒物质会引起死亡或有害身体健康。

208 haemoglobin /ˌhiːməˈgləʊbɪn/   *n.* 血红蛋白

E A hemoprotein composed of globin and heme that gives red blood cells their characteristic colour; function primarily to transport oxygen from the lungs to the body tissues.

释 一种由珠蛋白和血红素组成的血红蛋白，使红细胞呈现其特有的红色，主要功能是将氧气从肺部输送到身体各组织。

209 **flue gas desulfurisation** /diː,sʌlfjʊraɪˈzeɪʃən/
烟气脱硫；排气脱硫

- ⓔ In modern power stations, the waste gas is treated with slaked lime (calcium hydroxide). This removes sulfur dioxide by reacting with it to give calcium sulfite. The process is called flue gas desulfurisation.
- ⓡ 发电站中的废气常用熟石灰（氢氧化钙）处理。熟石灰与二氧化硫反应生成亚硫酸钙，去除二氧化硫，这个过程称为烟气脱硫。

210 **catalytic** /,kætəˈlɪtɪk/ **converter** /kənˈvɜːtə(r)/
催化转换器；触媒转换器

- ⓔ A catalytic converter is a device which is fitted to a car's exhaust to reduce the pollution coming from it.
- ⓡ 催化转换器是一种安装在汽车排气系统中用于减少污染产生的装置。

211 **rust** /rʌst/
n. 生锈，锈蚀

- ⓔ Rust is a brown substance that forms on iron or steel, for example when it comes into contact with water and oxygen.
- ⓡ 生锈是钢或铁上形成的一种棕色物质，通常是在与水和氧气接触的情况下形成。

212 **coagulant** /kəʊˈægjʊlənt/
n. 促凝剂

- ⓔ a chemical that can make small suspended particles stick together, such as iron (III) sulfate
- ⓡ 促凝剂是一种使得小悬浮颗粒粘在一起的化学物质，硫酸铁便是一种促凝剂。

213 **chlorination** /,klɔːrɪˈneɪʃn/
n. 氯化作用，加氯消毒

- ⓔ disinfection of water by the addition of small amounts of chlorine or a chlorine compound
- ⓡ 氯化作用是通过添加少量氯或氯化合物对水进行消毒的过程。

Some Non-metals and Their Compounds
非金属及其化合物

扫一扫
听本节音频

214 **Haber process**　　　　　　　　哈伯博斯制氨法

- **E** an industrial process for producing ammonia from nitrogen and hydrogen by combining them under high pressure in the present of an iron catalyst
- **释** 哈伯博斯制氨法是在铁催化剂的作用下，由氮气和氢气在高压下生成氨气的工业方法。

215 **fertiliser** /ˈfɜːtəlaɪzə(r)/　　　　　　　*n.* 化肥

- **E** A fertiliser is any substance added to the soil to make it more fertile.
- **释** 化肥是指添加到土壤中使其更肥沃的物质。

216 **allotrope** /ˈælətrəʊp/　　　　　　*n.* 同素异形体

- **E** any of two or more physical forms in which an element can exist. Diamond and graphite are allotropes of carbon
- **释** 同素异形体是同一元素的不同物理形式。金刚石和石墨是碳的同素异形体。

217 **contact process**　　　　　　　　接触法制硫酸

- **E** method to produce sulfuric acid
- **释** 接触法制硫酸是硫酸的生产方法。

218 **dehydrating** /diːˈhaɪdreɪtɪŋ/ **agent**
脱水剂；去水剂

- **E** Concentrated sulfuric acid is a dehydrating agent. It removes water.
- **释** 浓硫酸是一种脱水剂，能去除水分。

219 **carbonate** /'ka:bənət/   *n.* 碳酸盐

- 🇪 compounds that contain the carbonate ion, $CO_3{}^{2-}$
- 釋 碳酸盐是含有碳酸根离子（$CO_3{}^{2-}$）的化合物。

220 **methane** /'mi:θeɪn/   *n.* 甲烷

- 🇪 Methane is a chemical compound with the chemical formula CH_4 (one atom of carbon and four atoms of hydrogen). It is the simplest alkane, and is the main constituent of natural gas.
- 釋 甲烷，分子式是 CH_4，由一个碳原子以及四个氢原子组成。它是最简单的烃类也是天然气的主要成分。

221 **natural gas**   天然气

- 🇪 Natural gas is gas which is found underground or under the sea. It is collected and stored, and piped into people's homes to be used for cooking and heating.
- 釋 天然气是从地下或海底发现的气体燃料，经过收集和储存，通过管道输送到人们的家中，用于做饭和取暖。

222 **greenhouse gas**   温室气体（二氧化碳、甲烷等导致温室效应的气体）

- 🇪 Greenhouse gases are the gases which are responsible for causing the greenhouse effect. The main greenhouse gas is carbon dioxide.
- 釋 温室气体是指造成温室效应的气体，主要是二氧化碳。

223 **global warming**   全球变暖

- 🇪 Global warming is the gradual rise in the Earth's temperature caused by high levels of carbon dioxide and other gases in the atmosphere.
- 釋 全球变暖是指大气中二氧化碳和其他气体含量过高导致地球温度逐渐升高。

224 climate change 气候变化；气候变迁

- **E** a change in the world's climate
- **释** 气候变化是世界气候状态的变化。

225 limewater /'laɪmˌwɔːtə/ *n.* 石灰水

- **E** a weak solution of calcium hydroxide, which is sparingly soluble in water
- **释** 石灰水是一种仅有少量氢氧化钙溶于水的稀溶液。

226 cement /sɪ'ment/ *n.* 水泥

- **E** Cement is made by mixing limestone with clay, heating the mixture strongly in a kiln, adding gypsum (hydrated calcium sulfate), and grinding up the final solid to give a powder.
- **释** 水泥是将石灰石和黏土混合在一起，放进窑炉里强力加热，再加入石膏（水合硫酸钙），最后将固体研磨成粉末，这些粉末便是水泥。

227 gypsum /'dʒɪpsəm/ *n.* 石膏

- **E** Hydrated calcium sulfate is known as gypsum. It is used in making cement, plaster board, plaster for broken limbs, and other products.
- **释** 水合硫酸钙称为石膏，常用于制造水泥、石膏板、患肢石膏等产品。

Organic Chemistry 有机化学

扫一扫
听本节音频

228 **petroleum** /pə'trəʊliəm/　　　　　*n.* 石油

E Petroleum is oil that is found under the surface of the earth or under the sea bed. Petrol and kerosene are obtained from petroleum.

释 石油是一种从地下或海底开采的原油，汽油和煤油便是从石油中提炼出来的。

229 **fossil** /'fɒsl/ **fuel**　　　　　化石燃料

E Fossil fuel is fuel such as coal or oil that is formed from the decayed remains of plants or animals.

释 化石燃料是由腐烂的动植物残骸形成的燃料，如煤或石油。

230 **coal** /kəʊl/　　　　　*n.* 煤；（尤指燃烧着的）煤块；木炭

E Coal is a hard, black substance that is extracted from the ground and burned as fuel.

释 煤是从地下开采出的一种坚硬的黑色物质，用作燃料。

231 **natural gas**　　　　　天然气

E Natural gas is gas which is found underground or under the sea. It is collected and stored, and piped into people's homes to be used for cooking and heating.

释 天然气是从地下或海底发现的气体燃料，经过收集和储存，通过管道输送到人们的家中，用于做饭和取暖。

232 **hydrocarbon** /ˌhaɪdrə'kɑːbən/　　　　　*n.* 碳氢化合物

E compounds containing carbon and hydrogen only

释 碳氢化合物是只含有碳和氢的化合物。

233 **structural** /ˈstrʌktʃərəl/ **formula** /ˈfɔːmjələ/ 　结构式

- ⓔ a chemical formula showing the composition and structure of a molecule. The atoms are represented by symbols and the structure is indicated by showing the relative positions of the atoms in space and the bonds between them.
- ㊟ 结构式是表示分子组成和结构的化学式。原子通过对应的符号表示，结构则通过原子在空间中的相对位置和原子之间的化学键来表示。

234 **non-renewable** /nɒn ˈrɪˈnjuːəbl/
　　　　　　　　adj.（自然资源的）非再生的；非延续性的

- ⓔ not able to be restored, replaced, recommened, etc
- ㊟ 非再生的指无法恢复、更换或重新开始的情况。

235 **fractionating** /ˈfrækʃəˌneɪtɪŋ/ **column** /ˈkɒləm/
　　　　　　　　　　　　　　　　分馏塔

- ⓔ A fractionating column or fractionation column is an essential item used in the distillation of liquid mixtures so as to separate the mixture into its component parts, or fractions, based on the differences in their volatilities.
- ㊟ 分馏塔是对液体混合物进行蒸馏的一种基本设备，能根据混合物各成分的不同挥发性将其进行分离。

236 **refinery** /rɪˈfaɪnəri/ **gas** 　炼厂气

- ⓔ bottled gas for cooking and heating
- ㊟ 炼厂气是做饭和取暖用的瓶装煤气。

237 **gasoline** /ˈɡæsəliːn/ 　　　　　　　　　*n.* 汽油

- ⓔ fuels for cars
- ㊟ 汽油是车用燃料。

238 **naphtha** /'næfθə/   *n.* 石脑油；挥发油；粗汽油

- **ⓔ** a distillation product from coal tar boiling in the approximate range 80–170℃ and containing aromatic hydrocarbons
- **㉡** 对沸点在 80-170℃左右的煤焦油进行蒸馏，获得的产物称为石脑油，含有芳香烃。

239 **paraffin** /'pærəfɪn/   *n.* 石蜡；链烷烃；硬石蜡

- **ⓔ** Paraffin is a white wax obtained from petroleum or coal. It is used to make candles, to form seals, and in beauty treatments.
- **㉡** 石蜡是从原油或煤中提炼出的白蜡，常用于制作蜡烛和印章，还可以用于美容护理。

240 **diesel** /'di:zl/ **oil**   柴油

- **ⓔ** a heavy mineral oil used as fuel in diesel engines
- **㉡** 柴油是一种重矿物油，常用作柴油发动机的燃料。

241 **fuel oil**   燃料油，燃油，重油

- **ⓔ** fuel for power stations, ships and for home heating system
- **㉡** 燃料油是发电站、船舶和家庭供暖系统的燃料。

242 **bitumen** /'bɪtʃumən/   *n.* 沥青

- **ⓔ** any of various naturally occurring impure mixtures of hydrocarbons
- **㉡** 沥青是碳氢化合物及其非金属衍生物组成的黑褐色混合物。

243 **volatile** /'vɒlətaɪl/ **organic compounds (VOCs)**   挥发性有机物

- **ⓔ** VOCs are organic chemicals which have a high vapour pressure at ordinary room temperature.
- **㉡** 挥发性有机物是指在常温下具有较大蒸气压的有机化合物。

244 **cracking** /'krækɪŋ/　　　　　　　　　　*n.* 裂解

- **E** breaking large molecules into smaller molecules by heating
- **释** 裂解是通过加热将大分子分解成小分子的过程。

245 **functional group**　　　　　　　　　　官能团

- **E** A functional group is the part of a molecule that largely dictates how the molecule will react.
- **释** 官能团是分子的一部分，在很大程度上决定了分子的化学性质。

246 **alkane** /'ælkeɪn/　　　　　　　　　　*n.* 烷烃

- **E** a series of non-aromatic saturated hydrocarbons with the general formula $C_{(n)}H_{(2n+2)}$
- **释** 烷烃是一种非芳香饱和烃，分子通式为 $C_{(n)}H_{(2n+2)}$。

247 **alkene** /'ælkiːn/　　　　　　　　　　*n.* 烯烃

- **E** hydrocarbons contain C=C double bonds
- **释** 烯烃是含有 C=C 双键的碳氢化合物。

248 **alcohol** /'ælkəhɒl/　　　　　　　　　　*n.* 醇

- **E** The alcohols are the family of organic compounds that contain the OH group.
- **释** 醇是含有羟基的一类有机化合物。

249 **carboxylic** /ˌkɑːbɒk'sɪlɪk/ **acid**　　　　羧酸

- **E** any of a class of organic acids containing the carboxyl group
- **释** 羧酸是含有羧基的有机酸。

250 **homologous** /hə'mɒləgəs/ **series**　　　同系物

- **E** In chemistry, a homologous series is a series of compounds with a similar general formula, usually varying by a single parameter such as the length of a carbon chain. Examples of such series are the straight-chained alkanes (paraffins), and some of their derivatives (such as the primary alcohols, aldehydes, and (mono)carboxylic acids).

🟤 在化学中，同系物是指具有相似分子通式的一类化合物，区别通常只在于某一个参数，如碳链长度。直链烷烃（石蜡烃）及其某些衍生物，如伯醇、醛和（一元）羧酸，都是同系物。

251 **general formula** /ˈfɔːmjələ/   通式

🅱 a chemical formula applicable to a series of compounds (as MNO_2 for metallic nitrites, ROH for alcohols, $CnH_{(2n+2)}$ for alkanes where n is an integer)

🟤 通式是用于表示某类化合物的分子式，如 MNO2 表示亚硝酸盐，ROH 表示醇，$CnH_{(2n+2)}$（n 为整数）表示烷烃。

252 **saturated** /ˈsætʃəreɪtɪd/ **hydrocarbon** /ˌhaɪdrəˈkɑːbən/   饱和烃

🅱 Saturated hydrocarbons are molecules with only single bonds.

🟤 饱和烃是仅具有单键的烃。

253 **unsaturated** /ʌnˌsætʃəreɪtɪd/ **hydrocarbon**   不饱和烃

🅱 Unsaturated hydrocarbons are hydrocarbons that have double or triple covalent bonds between adjacent carbon atoms.

🟤 不饱和烃是在相邻碳原子之间具有双或三价共价键的烃。

254 **substitution** /ˌsʌbstɪˈtjuːʃən/ **reaction** 取代反应

🅱 Any of a class of chemical reactions in which an atom, ion, or group of atoms or ions in a molecule is replaced by another atom, ion, or group.

🟤 取代反应是一种化学反应，其中某个分子中的一个原子、离子、原子团或离子团被另一个原子、离子或基团取代。

255 **straight** /streɪt/ **chain**   直链

🅱 a chain of atoms, usually carbon, without any branches

🟤 直链是一种没有分支的原子链，通常指没有分支的碳链。

256 **isomer** /ˈaɪsəmə(r)/   *n.* 同分异构物

- 🅔 Isomers are compounds with the same formula, but different structures.
- 🅣 分子式相同但结构不同的化合物是同分异构物。

257 **addition reaction**   加成反应

- 🅔 An addition reaction turns an unsaturated alkene into a saturated compound.
- 🅣 不饱和烃经进行加成反应之后变为饱和烃。

258 **monomer** /ˈmɒnəmə/   *n.* 单体；单元结构

- 🅔 a compound whose molecules can join together to form a polymer
- 🅣 单体是一种简单的化合物，分子聚合在一起形成高分子化合物（聚合物）。

259 **polymer** /ˈpɒlɪmə(r)/   *n.* 聚合物

- 🅔 A polymer is a chemical compound with large molecules made of many smaller molecules of the same kind.
- 🅣 聚合物是由许多同类型的小分子组成的高分子化合物。

260 **addition polymerisation** /pəˌlɪməraɪˈzeɪʃən/

加成聚合反应

- 🅔 In addition polymerisation, double bonds in molecules break, and the molecules add on to each other.
- 🅣 在加成聚合反应中，分子中的双键断裂，然后聚合在一起，生成高分子化合物。

261 **polythene** /ˈpɒlɪθiːn/   *n.* 聚乙烯

- 🅔 Polyethylene is one of the most common plastic.
- 🅣 聚乙烯是日常生活中最常用的塑料之一。
- 🅘 IUPAC name polyethene (AmE) or poly (methylene)

262 **glucose** /ˈgluːkəʊs/   *n.* 葡萄糖

- **E** Glucose is a type of sugar that gives you energy.
- **释** 葡萄糖是一种可以提供能量的糖。

263 **yeast** /jiːst/   *n.* 酵母

- **E** Yeast is a kind of fungus which is used to make bread rise, and in making alcoholic drinks such as beer.
- **释** 酵母是一种真菌，用于制作面包、酿造酒饮（如啤酒）。

264 **hydration** /haɪˈdreɪʃn/   *n.* 水合作用

- **E** Hydration means water is added on.
- **释** 水合作用是指某物质与水结合所发生的反应。

265 **carboxyl** /kɑːˈbɒksaɪl/ **group**   羧基

- **E** the monovalent group–COOH, consisting of a carbonyl group bound to a hydroxyl group: the functional group in organic acids
- **释** 羧基是由羰基和羟基组成的一价原子团，有机酸中的一种官能团。

266 **acid fermentation**   酸性发酵

- **E** When ethanol is left standing in air, bacteria brings about its oxidation to ethanoic acid. This method is called acid fermentation.
- **释** 当乙醇长期露置在空气中时，细菌会将其氧化成乙酸，这种方法称为酸性发酵。

267 **ester** /ˈestə(r)/   *n.* 酯

- **E** any of a class of compounds produced by reaction between acids and alcohols with the elimination of water.
- **释** 酯是酸和醇发生反应脱去水分子后生成的一类化合物。

268 **condensation** /ˌkɒndenˈseɪʃn/ **reaction**

缩合反应

☐
☐ 🇪 any reaction in which two molecules react with the resulting
☐ loss of a molecule of water (other small molecule)

🇨 缩合反应是两个分子发生反应脱去一个水分子（或其他小分子）的反应。

269 **synthetic** /sɪnˈθetɪk/ **polymer** /ˈpɒlɪmə(r)/

合成聚合物

- **E** polymers made in a factory
- **释** 合成聚合物是工厂生产的聚合物。

270 **protein** /ˈprəʊtiːn/   *n.* 蛋白质

- **E** Protein is a substance found in food and drink such as meat, eggs, and milk. You need protein in order to grow and be healthy.
- **释** 蛋白质是维持人体健康成长的物质，可从肉类、鸡蛋和牛奶等食物及饮料中获取。

271 **condensation** /ˌkɒndenˈseɪʃn/ **polymerisation** /pəˌlɪməraɪˈzeɪʃən/

缩聚反应；缩聚合

- **E** Two types of monomer join. Each has two functional groups. They join at their functional groups, by getting rid of or eliminating a small molecule.
- **释** 缩聚反应是两种类型的单体连接在一起的过程。每个单体都有两个官能团。结合过程中，官能团与官能团之间发生反应，脱掉一个小分子。

272 **polychloroethene (PVC)** /ˌpɒlɪˈklɔːrəʊˈeθiːn/

n. 聚氯乙烯

- **E** Any of a family of polymers derived from vinyl chloride: they have many uses in various forms, as in rigid plastic pipes and clear, thin food wrapping.
- **释** 聚氯乙烯是由氯乙烯衍生出的一种聚合物，有多种不同形式的用途，如硬质塑料管和透薄的食品包装。
- **同** polyvinyl chloride

273 **polypropene** /ˌpɒlɪˈprəʊpiːn/   *n.* 聚丙烯

- 🇬🇧 polymerised propylene, a very light, highly resistant, thermoplastic resin used to make coatings, plastic pipe, packaging material, fibers for clothing fabrics, etc.
- 🈯 聚丙烯是一种由丙烯加聚而成的热塑性树脂，重量很轻，非常耐磨，常用于制作涂料、塑料管、包装材料、服装面料纤维等。

274 **polystyrene** /ˌpɒliˈstaɪriːn/   *n.* 聚苯乙烯

- 🇬🇧 a synthetic thermoplastic material obtained by polymerising styrene; used as a white rigid foam (expanded polystyrene) for insulating and packing and as a glasslike material in light fittings and water tanks
- 🈯 聚苯乙烯是一种合成的热塑性材料，由苯乙烯聚合而成，用于绝缘和包装的白色硬质泡沫（发泡聚苯乙烯），用于绝缘和包装，也用作灯具和水箱中的玻璃材料。

275 **Teflon** /ˈteflɒn/   *n.* 聚四氟乙烯；特氟隆（商标名）

- 🇬🇧 Teflon is a type of plastic which is often used to coat pans. Teflon provides a very smooth surface which food does not stick to, so the pan can be cleaned easily.
- 🈯 聚四氟乙烯是一种塑料，常用作平底锅涂层。涂层使表面光滑，不粘附食物，易清洗。

276 **nylon** /ˈnaɪlɒn/   *n.* 尼龙

- 🇬🇧 Nylon is a strong, flexible artificial fibre.
- 🈯 尼龙是一种坚固而有弹性的人造纤维。

277 **Terylene** /ˈterəliːn/   *n.* 涤纶

- 🇬🇧 a synthetic polyester fibre or fabric based on terephthalic acid, characterised by lightness and crease resistance and used for clothing, sheets, ropes, sails, etc
- 🈯 涤纶是一种合成聚酯纤维或织物，主要原料为对苯二甲酸，质地轻盈，抗皱，常用于制作服装、床单、绳索、船帆等。

278 **polyester** /ˌpɒliˈestə(r)/

n. 聚酯

🇪 any of numerous synthetic polymers produced chiefly by reaction of dicarboxylic acids with dihydric alcohols and used primarily as light, strong, weather-resistant resins in boat hulls, textile fibers, adhesives, and molded parts

🇨 聚酯是一种合成聚合物，主要由二羧酸和二元醇反应生成，常用作船体、纺织纤维、黏合剂和成型零件中的树脂材料，质轻，坚固，受气候影响小。

279 **polyamide** /ˌpɒlɪˈæmaɪd/

n. 聚酰胺（比如尼龙）

🇪 any one of a class of synthetic polymeric materials containing recurring -CONH- groups

🇨 一种合成聚合材料，其重复单元含有酰胺基团 CONH。

280 **non-biodegradable** /ˌnɒn ˌbaɪəʊdɪˈɡreɪdəbl/

adj. 非生物降解的；不能生物降解的

🇪 not capable of being broken down by the action of living organisms

🇨 非生物降解的即无法被生物分解的性质。

281 **landfill** /ˈlændfɪl/

n. 垃圾填埋地

🇪 The definition of a landfill is a place where garbage is buried under the soil.

🇨 垃圾填埋地是将垃圾填埋在土壤下的地方。

282 **photodegradable** /ˌfəʊtəʊdɪˈɡreɪdəbəl/

adj. 可光降解的

🇪 capable of being decomposed by prolonged exposure to light

🇨 可光降解的即长时间露置在光的作用下即可分解的性质。

283 **carbohydrate** /ˌkɑːbəʊˈhaɪdreɪt/   *n.* 碳水化合物

- ☐
- ☐
- ☐

E Carbohydrate is an organic compound that occurs in living tissues or food and that can be broken down into energy by people or animals.

释 碳水化合物是一种有机化合物，存在于活组织或食物中，在人体或动物体内能被分解成能量。

284 **starch** /stɑːtʃ/   *n.* 淀粉

- ☐
- ☐
- ☐

E Starch is a white, odourless and tasteless substance found in some foods and used as a thickener or stabiliser.

释 淀粉是一种无臭、无味的白色物质，存在于某些食物中，用作增稠剂或稳定剂。

285 **cellulose** /ˈseljuləʊs/   *n.* 纤维素

- ☐
- ☐
- ☐

E Cellulose is a substance that exists in the cell walls of plants and is used to make paper, plastic, and various fabrics and fibres.

释 纤维素是一种存在于植物细胞壁中的物质，用于制作纸张、塑料以及各种织物和纤维。

286 **amino** /əˈmiːnəʊ/ **acid**   氨基酸

- ☐
- ☐
- ☐

E Amino acids are substances containing nitrogen and hydrogen that are found in proteins. Amino acids occur naturally in the body.

释 氨基酸是蛋白质中一种含有氮和氢的物质，是体内天然存在的一种物质。

287 **glycogen** /ˈglaɪkəʊdʒən/   *n.* 糖原

- ☐
- ☐
- ☐

E A polysaccharide, $(C_6H_{10}O_5)n$, that is the main form of carbohydrate storage in animals and is found primarily in the liver and muscle tissue. It is readily converted to glucose as needed by the body to satisfy its energy needs.

释 糖原是一种多糖，分子式为 $[C_6H_{10}O_5]n$，是动物体内碳水化合物的一种主要存在形式，主要存在于肝脏和肌肉组织中。当身体有需要时，糖原可以迅速转化为葡萄糖，满足体内能量需求。

288 amide /ˈæmaɪd/
n. 酰胺；氨基化合物

- **E** an organic compound, such as acetamide, containing the CONH₂ group
- **释** 酰胺是一种含有 CONH₂ 基团的有机化合物，如乙酰胺。

289 hydrolysis /haɪˈdrɒlɪsɪs/
n. 水解反应

- **E** Hydrolysis is a chemical reaction in which a compound reacts with water to produce other compounds.
- **释** 水解作用是指化合物与水反应生成其他化合物的化学反应。

扫一扫
听本节音频

290 **flame** /fleɪm/ **test** 焰色试验

E Flame test is a test for detecting the presence of certain metals in compounds by the colouration they give to a flame. Sodium, for example, turns a flame yellow.

释 焰色试验是一种用于检测化合物中是否存在某种金属的试验，其原理是：某些金属或其化合物在火焰中灼烧时会使火焰呈现出某种特定的颜色，比如钠会使火焰变为黄色。

291 **hypothesis** /haɪˈpɒθəsɪs/ n. 假说

E A hypothesis is an idea which is suggested as a possible explanation for a particular situation or condition, but which has not yet been proved to be correct.

释 假说是指针对某种现象的可能解释，但尚未被证实。

292 **measuring cylinder** /ˈsɪlɪndə(r)/ 量筒

E a tall narrow container with a volume scale used especially for measuring liquids

释 量筒是一种竖长的容器，有体积刻度，常用于测量液体。

293 **conical** /ˈkɒnɪkl/ **flask** /flɑːsk/ 锥形瓶

E a glass laboratory flask of a conical profile with a narrow tubular neck and a flat bottom, used to manipulate solutions or to carry out titrations

释 锥形瓶是一种实验室常用的锥形玻璃仪器，平底，瓶颈细窄，用于进行液体相关操作，如滴定实验。

294 **beaker** /ˈbiːkə(r)/

n. 烧杯

E a wide cylindrical glass vessel with a pouring lip, used as a laboratory container and mixing jar

释 烧杯是一种比较宽的圆柱形玻璃容器，顶部一侧有槽口，便于倾倒液体，用作实验室容器，可用于搅拌。

295 **pipette** /pɪˈpet/

n. 移液管

E a calibrated glass tube drawn to a fine bore at one end, filled by sucking liquid into the bulb, and used to transfer or measure known volumes of liquid.

释 移液管是一种有刻度的玻璃管，中间突出，下端为细长的尖孔，可将液体吸取到中间管中，用于转移或测量已知体积的液体。

296 **gas syringe** /sɪˈrɪndʒ/

气体针筒

E an item of laboratory equipment used to withdraw a volume of gas from a closed chemical system, for measurement and/or analysis.

释 气体针筒是一种实验室设备，用于测量和（或）分析，可以从封闭的化学系统中提取一定体积的气体。

第二章

11~12 年级高频专业词汇

扫一扫
听本节音频

第一节
Moles and Equations 摩尔与反应方程式

297 relative isotopic /ˌaɪsəˈtɒpɪk/ **mass**

相对同位素质量

- 🇪 the mass of a particular isotope of an element on a scale where an atom of carbon-12 has a mass of exactly 12 units
- 🇨 以一个碳 -12 原子质量的 1/12 为标准，元素的某个同位素原子质量与该标准的比值，称为相对同位素质量。

298 mass spectrometer /spekˈtrɒmɪtə(r)/   质谱仪

- 🇪 A mass spectrometer separates atoms and molecules according to their mass, and also shows the relative numbers of the different atoms and molecules present.
- 🇨 质谱仪根据不同原子和分子的质量将其分离，并显示出它们相对数量。

299 mass to ion charge ratio (m/z)   质荷比

- 🇪 The mass-to-charge ratio (m/z) is the ratio of the relative mass, m, of an ion to its charge, z, where z is the number of charges (1, 2 and so on).
- 🇨 质荷比（m/z）是离子的相对质量 m 与其所带电荷 z 的比率，其中 z 指的是电荷的数量（1、2 等）。

300 **molecular** /məˈlekjələ(r)/ **ion**   分子离子

☐
☐
☐

ⓔ The ion that is formed by the loss of an electron from the original complete molecule during mass spectrometry and that gives us the relative molecular mass of an unknown compound.

釋 在质谱法过程中，一个完整的分子经过电离失去一个电子形成分子离子，其质荷比即为该未知化合物的相对分子质量。

301 **relative abundance** /əˈbʌndəns/   相对丰度

☐
☐
☐

ⓔ relative proportions of isotopes

釋 相对丰度是同位素的相对比例。

302 **stoichiometry** /ˌstɔɪkiˈɒmɪtri/   *n.* 化学计量学

☐
☐
☐

ⓔ the branch of chemistry concerned with the proportions in which elements are combined in compounds and the quantitative relationships between reactants and products in chemical reactions

釋 化学计量学是化学的一个分支，研究化合物中元素结合的比例以及化学反应中反应物和产物之间的定量关系。

303 **energy level** 能级

🇪 Energy levels are the energies of electrons in atoms. According to quantum theory, each electron in an atom has a definite energy. When atoms gain or lose energy, the electrons jump from one energy level to another.

🇨 能级是对原子中电子能量的一种划分。根据量子理论，原子中的每个电子都有一定的能量。当原子获得或失去能量时，电子便会从一个能级跳到另一个能级。

304 **quantum** /ˈkwɒntəm/ **shell** 量子层

🇪 The shells of electrons at fixed or specific levels are sometimes called quantum shells. The word 'quantum' is used to describe something related to a fixed amount or a fixed level.

🇨 固定或特定能级的电子层有时被称为量子层。"量子"这个词用于描述与固定数量或固定标准有关的东西。

305 **electronic configuration** /kənˌfɪɡəˈreɪʃn/
电子排布

🇪 The electron configuration of an element describes the number and arrangement of electrons in an atom of the element.

🇨 元素的电子排布表示该元素原子中电子的数量和排列方式。

306 **isoelectronicity** /ˌaɪsəʊɪlekˈtrɒnɪsɪtɪ/ n. 等电子体

🇪 Two or more particles are described as isoelectronic if they have the same number of valence electrons and the same structure.

🇨 等电子体是具有相同电子数并且具有相同结构的微粒。

307 **first ionisation** /ˌaɪənaɪˈzeɪʃən/ **energy**

第一电离能

- ⓔ the energy needed to remove one electron from each atom of one mole gaseous atoms
- ⓒ 第一电离能是 1 摩尔气态原子中每个原子都失去 1 个电子所需的能量。

308 **successive** /səkˈsesɪv/ **ionisation energies**

连续电离能

- ⓔ continue to remove electrons from an atom until only the nucleus is left
- ⓒ 连续电离能是原子中的电子可以连续去除，直到只剩下一个原子核的一系列电离能。

309 **nuclear charge**

核电荷

- ⓔ Nuclear charge is the positive electric charge arising in the atomic nucleus due to protons, equal in number of the atomic number of the element.
- ⓒ 核电荷是指质子在原子核中产生的正电荷，其数目与元素的原子序数相等。

310 **effective nuclear charge**

有效核电荷

- ⓔ The effective nuclear charge is the net positive charge experienced by an electron in a polyelectronic atom. The term 'effective' is used because the shielding effect of negatively charged electrons prevents higher orbital electrons from experiencing the full nuclear charge of the nucleus due to the repelling effect of inner-layer electrons.
- ⓒ 有效核电荷是指多电子原子中电子实际接受的净正电荷。由于内层电子具有排斥效应，带负电荷的电子相互屏蔽，使得较高轨道上的电子无法完全接收到核电荷的引力。"有效"一词表明了实际接收到的电荷数与理论上的差别。

311 **shielding** /ˈʃiːldɪŋ/ **effect**　　屏蔽作用

🇬🇧 an effect of inner electrons which reduces the pull of the nucleus on the electrons in the outer shell of an atom

🈺 屏蔽作用是一种内层电子效应，削弱了原子核对外层电子的引力。

312 **subshell** /ˈsʌbˌʃel/　　*n.* 亚层

🇬🇧 The principal quantum shells, apart from the first, are split into subshells (sublevels). Each principal quantum shell contains a different number of subshells. The subshells are distinguished by the letters s, p, d or f.

🈺 在原子中，除了第一层电子层外，其他电子层中各电子的能量仍有一定的差异，根据这些差异可以将同一电子层分成若干亚层（亚能级）。不同主电子层的亚层数量也不同。各亚层用 s，p，d 或 f 等字母来进行区分。

313 **atomic orbital** /ˈɔːbɪtl/　　原子轨道

🇬🇧 An atomic orbital is a region where there is high probability of finding an electron.

🈺 原子轨道是电子在原子核外空间出现概率较大的区域。

314 **spin** /spɪn/　　*vi.* 自旋

🇬🇧 We imagine an electron rotating around its own axis either in a clockwise or anticlockwise direction.

🈺 自旋是电子绕自己的中心轴顺时针或逆时针旋转。

315 **spin-pair repulsion** /rɪˈpʌlʃn/　　自旋排斥

🇬🇧 the extra repulsion between the pair of electrons in orbital

🈺 自旋排斥是轨道中电子对之间的附加排斥力。

316 **atomic emission spectra** /'spektrə/

原子发射光谱

- ☐
- ☐ **E** the characteristic line spectrum that occurs as a result of energy being released by individual elements, with coloured lines on a black background
- ☐ **释** 原子发射光谱是由于个别元素释放能量而产生的特征线谱，以黑色为背景，呈现出彩色的线条。

317 **atomic absorption** /əbzɔːrpʃn/ **spectra** /'spektrə/

原子吸收光谱

- ☐
- ☐ **E** the characteristic line spectrum that occurs as a result of energy being absorbed by individual elements, with black lines on a continuum (coloured) background
- ☐ **释** 原子吸收光谱是由于能量被各个元素吸收而产生的特征线谱，以彩色为背景，呈现出黑色的线条。

318 **Aufbau** /'ɔːfbaʊ/ **Principle**

最低能量原理

- ☐
- ☐ **E** the principle which states that lowest energy levels are filled first
- ☐ **释** 最低能量原理是在填充电子时，首先填充最低能级的原则。

319 **Hund's** /'hʌndz/ **Rule**

洪特规则

- ☐
- ☐ **E** Orbitals within the same sub-shell are filled singly first.
- ☐ **释** 洪特规则是首先单独填充同一亚层内轨道的原则。

320 **Pauli's exclusion** /ɪk'skluːʒn/ **principle**

泡利不相容原理

- ☐
- ☐ **E** Electrons in single orbital must have opposite spin.
- ☐ **释** 泡利不相容原理是指一个轨道中的电子自旋方向必须相反。

扫一扫
听本节音频

第三节
Chemical Bonding 化学键

321 **intermolecular** /ˌɪntəməˈlekjʊlə/ **force**

分子间作用力

- ⓔ weak attractive forces between molecules
- ⓡ 分子间作用力是存在于分子之间的一种较弱的吸引力。

322 **electrovalent** /ɪˌlektrəʊˈveɪlənt/ **bond**

离子键，电价键

- ⓔ An ionic bond is sometimes called an electrovalent bond.
- ⓡ 离子键是指阴离子和阳离子间通过静电作用形成的化学键，也被称为电价键。

323 **dot-and-cross diagram**   电子式，点叉式

- ⓔ a diagram showing the arrangement of the outer-shell electrons in an ionic or covalent element or compound; The electrons are shown as dots or crosses to show their origin.
- ⓡ 电子式是用点或叉表示离子、共价元素或化合物外层电子的排列图，可以反映物质的形成过程。

324 **lone pair**   孤对电子

- ⓔ The pairs of outer-shell electrons not used in bonding are called lone pairs.
- ⓡ 不用于成键的外层电子对称为孤对电子。

325 **single covalent** /ˌkəʊˈveɪlənt/ **bond**   单键

- ⓔ A shared pair of electrons is called a single covalent bond, for example, Cl—Cl.
- ⓡ 两个原子间以共用一对电子所构成的一个共价键，称为单键，如 Cl—Cl。

326 **double covalent bond** 双键

☐
☐
☐

E Some atoms can bond together by sharing two pairs of electrons. A double covalent bond is represented by a double line between the atoms: for example, O=O.

释 有的原子可以共用两对电子，所形成的化学键称为双键。双键用两条线表示，画在两个原子中间，如 O=O。

327 **triple** /'trɪpl/ **covalent bond** 三键

☐
☐
☐

E Atoms can also bond together by sharing three pairs of electrons.

释 通过共用三对电子所形成的化学键称为三键。

328 **co-ordinate** /ˌkəʊˈɔːˈdənɪt/ **bond** 配位键

☐
☐
☐

E A co-ordinate bond is formed when one atom provides both the electrons needed for a covalent bond.

释 配位键中共用的电子对是由其中一个原子独自提供的，另一个原子只提供空轨道。

同 dative covalent bond

329 **bond energy** 键能

☐
☐
☐

E This is the energy needed to break one mole of a given bond in a gaseous molecule.

释 键能是气态分子中一摩尔化学键断裂所需的能量。

330 **bond length** 键长

☐
☐
☐

E Bond length is defined as the distance between the nuclei of two bonded atoms in a molecule.

释 键长是指分子中两个成键原子的原子核之间的距离。

331 **VSEPR theory**　　　　　价层电子对互斥理论

☐
☐　**🇪** a model used to predict the shape of individual molecules
☐　　based upon the extent of electron-pair electrostatic repulsion
　　🇨 价层电子对互斥理论是指根据电子对的静电排斥力大小来预测
　　　单个分子形态的模型。
　　🇪 VSEPR = Valence Shell Electron Pair Repulsion

332 **bond angle**　　　　　　　　　　　　　　键角

☐
☐　**🇪** A bond angle is the angle between two covalent bonds in a
☐　　molecule or giant covalent structure.
　　🇨 键角是指分子或巨型共价结构中两个共价键之间的夹角。

333 **Van der Waals'** /ˈvæn də waːlz/ **force**
　　　　　　　　　　　　　　范德华力，范德华引力

☐
☐　**🇪** Van der Waals' forces are intermolecular forces that exist
☐　　between all molecules, which are also called dispersion forces
　　　and temporary dipole-induced dipole forces.
　　🇨 范德华力是所有分子间都存在的一种作用力，也称为色散力和
　　　暂时性偶极感应偶极力。

334 **permanent dipole-dipole interaction**
　　　　　　　　　　　　　　取向力，偶极－偶极作用力

☐
☐　**🇪** The forces between two molecules having permanent dipoles
☐　　are called permanent dipole-dipole forces.
　　🇨 取向力是具有永久偶极的两个分子之间所形成的力。

335 **hydrogen** /ˈhaɪdrədʒən/ **bonding**　　　　氢键

☐　**🇪** a strong intermolecular force
☐　**🇨** 氢键是一种比较强的分子间作用力。
☐

336 **electronegativity** /ɪˌlektrəʊˌnegəˈtɪvɪti/ *n.* 电负性

☐
☐ 🄴 Electronegativity is the ability of a particular atom, which is
☐ covalently bonded to another atom, to attract the bond pair of
   electrons towards itself.

🄿 电负性是指某原子与另一个原子以共价键结合时，将成键的电
   子对吸引到自己身上的能力。

337 **non-polar bond**   非极性键

☐
☐ 🄴 When the electronegativity values of the two atoms forming
☐ a covalent bond are the same, the pair of electrons is equally
   shared. We say that the covalent bond is non-polar.

🄿 如果两个原子的电负性相同，形成共价键时成键电子由两原子
   平等共享，则该共价键为非极性键。

338 **polar bond**   极性键

☐
☐ 🄴 When a covalent bond is formed between two atoms having
☐ different electronegativity values, the more electronegative
   atom attracts the pair of electrons in the bond towards it. We
   call that the covalent bond is polar.

🄿 如果两个原子的电负性不同，则其形成的共价键为极性键，电
   负性越强的原子对电子的引力越大，则该共价键为极性键。

339 **polar molecule** /ˈmɒlɪkjuːl/   极性分子

☐
☐ 🄴 Polar molecules contain polar bonds which do not cancel each
☐ other out, so that the whole molecule is polar.

🄿 极性分子含有无法相互抵消的极性键，因此这个分子是极性
   分子。

340 **dipole** /ˈdaɪpəʊl/   *n.* 偶极

☐
☐ 🄴 Polar molecules are little electrical dipoles—they have a
☐ positive electric pole and a negative electric pole. These two
   poles of opposite charge in a molecule are called dipoles.

🄿 极性分子是一种小型电偶极：有阳极也有阴极，这两个电荷相
   反的极子称为偶极。

341 **dipole** /'daɪpəʊl/ **moment** 偶极矩

E Dipole moment is a measure of the overall polarity of a molecule. Where a molecule has several polar bonds, the overall dipole moment is the vector addition of the individual bond dipole moments taking into account both their size and direction.

释 偶极矩是对分子整体极性的一种衡量。分子的不同极性键具有不同的大小和方向，总体偶极矩为各化学键偶极矩的矢量和。

342 **ion-dipole interaction** /ˌɪntər'ækʃn/ 离子偶极相互作用

E An ion-dipole interaction is the result of an electrostatic interaction between a charged ion and a molecule that has a dipole.

释 离子偶极相互作用是指带电离子和具有偶极的分子之间产生静电作用的结果。

343 **enthalpy** /'enθəlpɪ/ **change of vaporisation** /ˌveɪpəraɪ'zeɪʃən/ 蒸发焓

E The energy required to change one mole of liquid to one mole of gas is called the enthalpy change of vaporisation.

释 将一摩尔液体变成一摩尔气体所需的能量称为蒸发焓。

344 **surface tension** /'tenʃn/ 表面张力

E a property of liquids caused by intermolecular forces near the surface leading to the apparent presence of a surface film and to capillarity

释 表面张力是液体的一种性质，由靠近液体表面的分子间力引起，是液体表面膜和毛细作用的形成原因。

345 **simple molecular** /məˈlekjələ(r)/ **structure**
简单分子结构

- ☐ ☐ ☐ **ⓔ** Simple molecular structures consist of groups of atoms held together by strong covalent bonding within the molecules, but with weak forces of attraction between the molecules.
- **㊟** 分子内作用力较强的共价键将各原子团结合在一起，形成简单分子结构，但分子间的引力很弱。

346 **giant** /ˈdʒaɪənt/ **structure**
巨型结构

- ☐ ☐ ☐ **ⓔ** Giant structures are crystal structures in which all the atoms or ions are linked by a network of strong bonding extending throughout the crystal.
- **㊟** 巨型结构是一种晶体结构，其中所有的原子或离子都通过贯穿整个晶体的强键网络连接在一起。

347 **giant molecular** /məˈlekjələ(r)/ **structure**
巨型分子结构

- ☐ ☐ ☐ **ⓔ** Some covalently bonded structures have a three-dimensional network of covalent bonds throughout the whole structure.
- **㊟** 巨型分子结构是指一些共价键合结构在整个结构中具有三维的共价键网络。

348 **hybridisation** /ˌhaɪbrɪdaɪˈzeɪʃən/ **of atomic orbitals** /ˈɔːbɪtlz/
原子轨道杂化

- ☐ ☐ ☐ **ⓔ** the process of mixing atomic orbitals, so that each has some character of each of the orbitals mixed
- **㊟** 原子轨道杂化是将原子轨道进行混合的过程，使每个原子轨道都具有混合前轨道的某些特征。

349 **sp3 hybridisation**
sp3 杂化

- ☐ ☐ ☐ **ⓔ** the mixing character of one s-orbital and three p-orbital to create four hybrid orbitals with similar characteristics
- **㊟** sp3 杂化是一个 s 轨道和三个 p 轨道混合，形成四个具有相似特性的杂化轨道。

350 **sp2 hybridisation**   sp2 杂化

- **🄴** the mixing character of one s-orbital and two p-orbital to create three hybrid orbitals with similar characteristics
- **🄲** sp2 杂化是一个 s 轨道和两个 p 轨道混合，形成三个具有相似特性的杂化轨道。

351 **sp hybridisation**   sp 杂化

- **🄴** the mixing character of one s-orbital and one p-orbital to create two hybrid orbitals with similar characteristics.
- **🄲** sp 杂化是一个 s 轨道和一个 p 轨道混合，形成两个具有相似特性的杂化轨道。

352 kinetic /kɪˈnetɪk/ theory of gases
气体分子运动论

E The idea that molecules in gases are in constant movement is called the kinetic theory of gases.

释 气体分子运动论认为气体中的分子作永不停息的运动。

353 ideal gas
理想气体

E a hypothetical gas whose molecules occupy negligible space and have no interactions, and which consequently obeys the gas laws exactly.

释 理想气体是一种假想的气体，其分子所占据的空间可忽略，无相互作用，因此严格遵守气体定律。

354 real gas
真实气体

E Real gases are non-hypothetical gases whose molecules occupy space and have interactions.

释 真实气体是非假想气体，有体积，也有相互作用。

355 ideal gas law
理想气体状态方程

E The ideal gas law, also called the general gas equation, is the equation of state of a hypothetical ideal gas. The ideal gas law is often written in an empirical form: pV=nRT, where p, V and T are the pressure, volume and temperature, n is the amount of substance, and R is the gas constant.

释 理想气体状态方程为 $pV = nRT$，其中 p 代表理想气体的压强，V 代表理想气体的体积，n 代表气体物质的量，R 代表理想气体常数，T 代表理想气体的热力学温度。

同 ideal gas equation

356 **vapour** /ˈveɪpə(r)/ **pressure** 蒸气压

- ▣ Vapour pressure is defined as the pressure exerted by a vapour in thermodynamic equilibrium with its condensed phases (solid or liquid) at a given temperature in a closed system.
- ▣ 在密闭的系统中，在给定的温度下，处于热力学平衡状态的凝结相（固体或液体）的蒸气所施加的压力。

357 **fullerene** /ˈfʊləriːn/ *n.* 富勒烯

- ▣ Fullerenes are allotropes of carbon in the form of hollow spheres or tubes.
- ▣ 富勒烯是碳的同素异形体，呈空心球状或管状。

358 **buckminsterfullerene** /ˌbʌkmɪnstəˈfʊləriːn/
n. 巴克敏斯特富勒烯

- ▣ The first fullerene discovered was called buckminsterfullerene, C_{60}. The C_{60} molecule has the shape of a football (soccer ball).
- ▣ 第一个被发现的富勒烯称为巴克敏斯特富勒烯，分子式为 C_{60}。C_{60} 分子具有足球的形状。

359 **nanotube** /ˈnænəʊˌtjuːb/ *n.* 纳米碳管

- ▣ Nanotubes are fullerenes of hexagonally arranged carbon atoms like a single layer of graphite bent into the form of a cylinder.
- ▣ 纳米碳管是由碳原子组成的富勒烯，呈六边形排列，像弯成圆柱体的单层石墨。

360 **graphene** /ˈɡræfiːn/ *n.* 石墨烯；单层石墨

- ▣ Graphene is a single isolated layer of graphite.
- ▣ 石墨烯是单层结构的石墨。

扫一扫
听本节音频

361 **enthalpy** /ˈenθəlpi/ **change** 焓变

🇪 We call the energy exchange between a chemical reaction and its surroundings at constant pressure the enthalpy change.

🇨 恒压下化学反应与周围环境之间的能量交换称为焓变。

362 **enthalpy profile** /ˈprəʊfaɪl/ **diagram**
焓变能量图

🇪 a diagram showing the enthalpy change from reactants to products along the reaction pathway

🇨 焓变能量图沿反应路径展示了从反应物到产物的焓变。

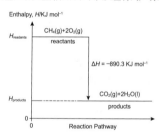

363 **standard enthalpy change of reaction**
标准反应焓变

🇪 The standard enthalpy change of reaction is the enthalpy change when the amounts of reactants shown in the equation react to give products under standard conditions.

🇨 标准反应焓变是指在标准条件下，一定量的反应物按化学方程式充分反应生成产物时的焓变。

364 standard enthalpy change of formation /fɔːˈmeɪʃn/
标准摩尔生成焓

E The standard enthalpy change of formation is the enthalpy change when one mole of a compound is formed from its elements under standard conditions.

释 标准摩尔生成焓变是指元素单质在标准条件下生成一摩尔化合物时的焓变。

365 standard enthalpy change of combustion /kəmˈbʌstʃən/
标准摩尔燃烧焓

E The standard enthalpy change of combustion is the enthalpy change when one mole of a substance is burnt in excess oxygen under standard conditions.

释 标准摩尔燃烧焓是指在标准条件下，一摩尔物质在过量氧气中燃烧时的焓变。

366 standard enthalpy change of solution
标准溶液焓变

E The standard enthalpy change of solution is the enthalpy change when one mole of solute is dissolved in a solvent to form an infinitely dilute solution under standard conditions.

释 标准溶液焓变是指在标准条件下，一摩尔溶质溶解在溶剂中形成稀度无穷大的溶液时的焓变。

367 standard enthalpy change of neutralisation /ˌnjuːtrəlaɪˈzeɪʃn/
标准中和焓变

E The standard enthalpy change of neutralisation is the enthalpy change when one mole of water is formed by the reaction of an acid with an alkali under standard conditions.

释 标准中和焓变是指在标准条件下，酸与碱反应生成一摩尔水时的焓变。

368 standard enthalpy change of atomisation /ˌætəmaɪˈzeɪʃn/　标准原子化焓

- **E** The standard enthalpy change of atomisation, is the enthalpy change when one mole of gaseous atoms is formed from its element under standard conditions.
- **释** 标准原子化焓指在标准条件下，元素单质形成一摩尔该元素气体原子时的焓变。

369 calorimetry /ˌkæləˈrɪmɪtri/　　n. 量热法，量热学

- **E** Calorimetry is the science or act of measuring changes in state variables of a body for the purpose of deriving the heat transfer associated with changes of its state due, for example, to chemical reactions, physical changes, or phase transitions under specified constraints.
- **释** 量热法是测定因诸如化学反应、物理变化或相变之类的原因，一个物体在传热时状态变量发生的变化的一种方法或者一门科学。

370 specific heat capacity　　比热容

- **E** The specific heat capacity of a material, c, is the energy needed to raise the temperature of 1g of the material by 1K. For water c = 4.18 J g^{-1} K^{-1}.
- **释** 物质的比热容 c 是指将 1 克物质的温度提高 1 开氏度所需的能量。水的比热容为 4.18J g^{-1} K^{-1}（焦耳 /（克 × 开氏度））

371 Hess's /ˈhesɪz/ Law　　盖斯定律

- **E** The total enthalpy change in a chemical reaction is independent of the route taken.
- **释** 盖斯定律是指化学反应中的总焓变与反应路径无关。

372 average bond energy　　平均键能

- **E** average energy required to break one mole of a given bond at gas state.
- **释** 平均键能是在气态下一摩尔化学键断裂所需的平均能量。

373 lattice /ˈlætɪs/ energy 晶格能

- Ⓔ Lattice energy is the enthalpy change when 1 mole of an ionic compound is formed from its gaseous ions under standard conditions.
- 釋 晶格能是指气态离子在标准条件下形成 1 摩尔离子化合物时的熔变。

374 electron /ɪˈlektrɒn/ affinity /əˈfɪnəti/
电子亲和能，电子亲和势

- Ⓔ The energy change occurring when a gaseous non-metal atom accepts one electron is called the electron affinity.
- 釋 气态非金属原子得到一个电子时发生的能量变化称为电子亲和能。

375 first electron affinity 第一电子亲和能

- Ⓔ The first electron affinity is the enthalpy change when 1 mole of electrons is added to 1 mole of gaseous atoms to form 1 mole of gaseous 1- ions under standard conditions.
- 釋 第一电子亲和能是指在标准条件下，1 摩尔气体原子得到 1 摩尔电子形成 1 摩尔气态—1 价离子时的熔变。

376 second electron affinity 第二电子亲和能

- Ⓔ The second electron affinity is the enthalpy change when 1 mole of electrons is added to 1 mole of gaseous 1- ions to form 1 mole of gaseous 2- ions under standard conditions.
- 釋 第二电子亲和能是指在标准条件下，1 摩尔气态—1 价离子得到 1 摩尔电子形成 1 摩尔气态—2 价离子时的熔变。

377 Born–Haber cycle 玻恩–哈伯循环

- Ⓔ A Born–Haber cycle is a particular type of enthalpy cycle used to calculate lattice energy.
- 釋 玻恩–哈伯循环是一种特殊的熔循环，用于计算晶格能。

378　ion polarisation /ˌpəʊləraɪˈzeɪʃn/　离子极化

- **E** In ionic compounds where the cations are small and highly charged, these cations distort the electron clouds of the anions in a process called polarisation.
- **释** 离子极化是指在离子化合物中，阳离子很小，电荷很高，这些阳离子在极化过程中使得阴离子的电子云发生扭曲。

379　polarising power　极化能力

- **E** The ability of a cation to attract electrons and distort an anion is called the polarising power of the cation.
- **释** 阳离子吸引电子并使得阴离子发生变形的能力，称为阳离子的极化能力。

380　polarisability /ˌpəʊləraɪˈzəbɪləti/　*n.* 极化度

- **E** Polarisability is an indication of the extent to which the electron cloud in a molecule (or an ion) can be distorted by a nearby electric charge.
- **释** 极化度表示分子（或离子）中的电子云在附近电场作用下发生变形的程度。

381　entropy /ˈentrəpi/　*n.* 熵

- **E** a measure of degree of disorder of a system
- **释** 熵可以看作是一个系统"混乱程度"的度量。

382　spontaneous /spɒnˈteɪniəs/ change　自发变化

- **E** Changes that tend to continue to happen naturally are called spontaneous changes.
- **释** 在无外界因素的影响下持续自然发生变化的过程称为自发变化。

383　Gibbs /ɡɪbz/ free energy　吉布斯自由能

- **E** a thermodynamic quantity, the difference between the enthalpy and the product of the absolute temperature and entropy of a system

🔊 吉布斯自由能是热力学中的一个参量，即某个体系中焓与绝对温度和熵的乘积之间的差值。

384 standard molar /ˈməʊlə(r)/ Gibbs free energy of formation /fɔːˈmeɪʃn/
标准摩尔生成吉布斯自由能

🅔 The standard molar Gibbs free energy of formation is the free energy change that accompanies the formation of one mole of a compound from its elements in their standard state.

🔊 标准摩尔生成吉布斯自由能是指标准状态下的稳定单质生成一摩尔化合物时的吉布斯自由能变化。

385 standard Gibbs free energy change of reaction
反应的标准吉布斯能变化量

🅔 The standard Gibbs free energy change of reaction is the Gibbs free energy change when the amounts of the reactants shown in the stoichiometric equation react under standard conditions to give products.

🔊 反应的标准吉布斯自由能变化量是指一定量的反应物按化学计量方程在标准条件下充分反应生成产物时的吉布斯自由能变化。

第六节

Equilibrium and Further Aspects of Equilibria 化学平衡

扫一扫
听本节音频

386 **partial** /ˈpɑːʃl/ **pressure**　　　　分压

- 🇪 In a mixture of gases, each constituent gas has a partial pressure which is the notional pressure of that constituent gas if it alone occupied the entire volume of the original mixture at the same temperature.
- 🈯 某种气体的分压是指在一个混合气体系统中，将该气体以外的其他气体全部排出，但保持系统整体的体积和温度不变，此时该气体在系统中所产生的压力即为分压。

387 **mole fraction** /ˈfrækʃn/　　　　摩尔分数

- 🇪 Mole fraction is defined as the amount of a constituent divided by total amount of all constituents in a mixture.
- 🈯 摩尔分数是指某组分的量除以混合物中所有组分的总量（此处的"量"是指"物质的量"）。

388 **conjugate** /ˈkɒndʒəgeɪt/ **pair**　　　　共轭对

- 🇪 If a reactant is linked to a product by the transfer of a proton we call this pair a conjugate pair.
- 🈯 如果反应物通过质子转移生成另一种物质，该反应物与生成物被称为共轭对。

389 **homogeneous** /ˌhɒmə'dʒiːnɪəs/ **catalyst**
/'kætəlɪst/
均相催化剂

☐
☐ **E** When a catalyst and the reactants in a catalysed reaction
☐ are in the same phase, the catalyst is described as a
homogeneous catalyst.
释 当催化剂和催化反应中的反应物处于同一相态时，该催化剂被
称为均相催化剂。
拓 homogeneous catalysis 均相催化

390 **heterogeneous** /ˌhetərə'dʒiːnɪəs/ **catalyst**
非均相催化剂，多相催化剂

☐
☐ **E** If the catalyst is in a different phase to the reactants, the
☐ catalyst is described as a heterogeneous catalyst.
释 如果催化剂与反应物处于不同的相态，则称该催化剂为非均相
催化剂。
拓 heterogeneous catalysis 非均相催化

391 **Boltzmann** /'bɒːltsmɑːn/ **distribution** /ˌdɪstrɪ'bjuːʃn/
玻尔兹曼分布

☐
☐ **E** The distribution of energies at a given temperature can be
☐ shown on a graph. This is called the Boltzmann distribution.
释 玻尔兹曼分布是指既定温度下的能量分布可用图表示。

392 **autocatalysis** /ˌɔːtəʊkə'tælɪsɪs/ *n.* 自动催化作用

☐
☐ **E** the catalysis of a reaction in which the catalyst is one of the
☐ products of the reaction
释 自动催化作用是一种特殊的催化作用，在这种催化反应中，催
化剂是该反应的生成物之一。

393 **sampling** /'sɑːmplɪŋ/

n. 取样；抽样

E This method involves taking small samples of the reaction mixture at various times and then carrying out a chemical analysis on each sample.

释 取样是一种实验方法，在不同的时间采集反应混合物的小样本，然后对每个样本进行化学分析。

394 **rate constant**

速率常数

E In a rate equation such as rate = k[A]m[B]n, the constant k is the rate constant.

释 速率常数是一个与浓度无关的量。在反应速率方程中，速率常数用 k 表示，如 r=k[A]m[B]n。

395 **rate equation** /ɪ'kweɪʒn/

速率方程

E A rate equation shows how changes in the concentrations of reactants affect the rate of a reaction.

释 速率方程用于描述反应物浓度的变化对反应速率的影响关系。

396 **order of reaction**

反应级数

E The order of reaction with respect to a particular reactant is the power to which the concentration of that reactant is raised in the rate equation.

释 某反应物的反应级数是指速率方程中该反应物浓度项的幂次。

397 **overall order**

反应总级数

E The overall order of the reaction is sum of the orders for all the substances that appear in the rate equation.

释 反应总级数是指速率方程中所有物质的反应级数之和。

398 zero-order reaction 零级反应

☐
☐ **⑬** A reaction is zero order with respect to a reactant if the rate of
☐ reaction does not change with concentration.
⑬ 如果反应速率不随某反应物的浓度进行变化，则该反应对该反应物呈零级反应。

399 first-order reaction 一级反应

☐
☐ **⑬** A reaction is first order with respect to a reactant if the rate of
☐ reaction is proportional to the concentration of that reactant.
⑬ 如果反应速率与某反应物的浓度成正比，则该反应对该反应物呈一级反应。

400 second-order reaction 二级反应

☐
☐ **⑬** A reaction is second order with respect to a reactant if the rate
☐ of reaction is proportional to the concentration of that reactant squared.
⑬ 如果反应速率与某反应物浓度的平方成正比，则该反应对该反应物呈二级反应。

401 half-life /ˈhɑːlf laɪf/ n. 半衰期

☐
☐ **⑬** The half-life of a reaction is the time for the concentration of
☐ one of the reactants to fall by half.
⑬ 反应的半衰期是指某反应物的浓度下降一半所需的时间。

402 rate-determining step 限速步骤

☐
☐ **⑬** The rate-determining step in a multistep reaction is the
☐ slowest step: the one with the highest activation energy.
⑬ 多步反应中的限速步骤是所有步骤中最慢的一步，也是活化能最高的一步。

403 **adsorption** /æd'sɔːpʃn/ n. （化学中的）吸附（作用）

- ⓔ Adsorption is a process in which atoms, molecules or ions are held on the surface of a solid.
- ⓣ 吸附（作用）是指原子、分子或离子在固体表面积蓄的过程。

404 **desorption** /dɪ'sɔːpʃn/ n. （化学中的）解吸，去吸附

- ⓔ Desorption is a process in which atomic and molecular species residing on the surface of a solid leave the surface and enter the surrounding gas or vacuum.
- ⓣ 解吸是固体表面所吸附的原子和分子离开表面进入周围气体或真空的过程。

405 **mechanism** /'mekənɪzəm/ n. 反应机理

- ⓔ The mechanism of a reaction describes how the reaction takes place, showing step by step the bonds that break and the new bonds that form.
- ⓣ 反应机理描述了反应的具体过程，逐步展示了旧键断裂和新键形成的过程。

406 **propanone** /'prəupəˌnəun/ n. 丙酮

- ⓔ Propanone, is an organic compound with the formula CH_3COCH_3. It is the simplest ketone. It is a colorless, volatile, flammable liquid with a characteristic odor.
- ⓣ 丙酮是最简单的酮，化学式为 CH_3COCH_3 的有机物，为一种有特殊香味、无色易挥发的可燃液体。
- ⓢ acetone

407 **Arrhenius** /əˈriːniəs/ **equation** /ɪˈkweɪʒn/
阿伦尼乌斯公式

☐
☐
☐

Ⓔ an equation showing the relationship between the temperature and the rate constant. K=Ae(-Ea/RT), K is the rate constant; T is the absolute temperature (in kelvins); A is the pre-exponential factor; Ea is the activation energy for the reaction; R is the gas constant.

㊣ 阿伦尼乌斯公式是表示温度和速率常数之间关系的方程式：K=Ae(-Ea/RT)，K 为反应的速率常数；A 称为指前因子 / 阿伦尼乌斯常数，Ea 为反应的活化能，R 为气体常数；T 为绝对温标下的温度，单位为开尔文（K）。

408 **molecularity** /məʊˌlekjʊˈlærɪti/
反应分子数

☐
☐
☐

Ⓔ number of species taking part in any specified step in the reaction

㊣ 反应分子数是参与反应中某个步骤的反应物粒子数量。

扫一扫
听本节音频

409 **atomic** /əˈtɒmɪk/ **radius** /ˈreɪdiəs/　原子半径

🇪 The atomic radius of a chemical element is a measure of the size of its atoms, usually the mean or typical distance from the nucleus to the boundary of the surrounding cloud of electrons.

🈁 化学元素的原子半径是一种能够衡量原子大小的参数，通常是指从原子核到周围电子云边界的平均距离或一般距离。

🈶 atomic radii

410 **ionic** /aɪˈɒnɪk/ **radius**　*n.* 离子半径

🇪 radius of an ion

🈁 离子半径是一种描述离子大小的参数。

411 **chloride** /ˈklɔːraɪd/　*n.* 氯化物

🇪 a compound of chlorine, especially a binary compound of chlorine with a more electropositive element

🈁 氯化物是氯的化合物，尤其是指氯与正电性较强的二元化合物。

412 **dimer** /ˈdaɪmə/　*n.* 二聚物

🇪 a compound whose molecules are composed of two identical monomers

🈁 二聚物是一种化合物，其分子由两个相同的单体组成。

413 **alkaline** /ˈælkəˌlaɪn/ **earth metals**　碱土金属

🇪 Alkaline earth metal are six chemical elements in group 2 of the periodic table. They are beryllium (Be), magnesium (Mg), calcium (Ca), strontium (Sr), barium (Ba), and radium (Ra).

🈁 碱土金属是指在元素周期表中同属第 2 族的六个金属元素：铍（Be）、镁（Mg）、钙（Ca）、锶（Sr）、钡（Ba）、镭（Ra）。

414 **disproportionation** /ˌdɪsprəˌpɔːʃəˈneɪʃən/

n. 歧化反应

- ☑ **E** Disproportionation is a specific type of redox reaction in which a species is simultaneously reduced and oxidised to form two different products.
- ☑ **释** 歧化反应是一种特殊的氧化还原反应，在该反应中，一种物质同时被还原和氧化，形成两种不同的产物。

415 **bleach** /bliːtʃ/

n. 漂白剂，消毒剂

- ☑ **E** Bleach is an equal mixture of sodium chloride (NaCl) and sodium chlorate(I) (NaClO) made from chlorine and cold alkali.
- ☑ **释** 漂白剂是氯化钠（NaCl）和次氯酸钠（NaClO）的均匀混合物，由氯和冷碱制成。

416 **eutrophication** /juːˌtrɒfɪˈkeɪʃən/

n. 富营养化

- ☑ **E** An environmental problem caused by fertilisers leached from fields into rivers and lakes. The fertiliser then promotes the growth of algae on the surface of water. When the algae die, bacteria thrive and use up the dissolved oxygen in the water, killing aquatic life.
- ☑ **释** 富营养化是指化肥从田中渗入河流和湖泊之后所造成的环境问题。化肥会促进水面藻类生长。这些藻类死亡后，细菌便会大量繁殖，耗尽水中的溶解氧，导致水生生物大量死亡。

417 **Faraday** /ˈfærədeɪ/ **constant** 法拉第常数

🄔 1 Faraday is the quantity of electric charge carried by 1 mole of electrons or 1 mole of singly charged ions. Its value is 96 500 C mol^{-1}.

🄚 法拉第常数是指 1 摩尔电子或 1 摩尔单电荷离子所携带的电荷量，该常数的值为 96500 库伦每摩尔。

418 **electrochemical** /ɪˌlektrəʊˈkemɪkəl/ **cell** 电化电池

🄔 An electrochemical cell is a device capable of either generating electrical energy from chemical reactions or using electrical energy to cause chemical reactions.

🄚 电化电池是一种能够从化学反应中产生电能或利用电能引起化学反应的装置。

419 **half-cell** /ˈhɑːf sel/ *n.* 半电池

🄔 Half cell consists of an electrolyte and an electrode. A half cell is one of the two electrodes in a galvanic cell or simple battery.

🄚 半电池由电解质和电极组成。半电池是原电池或普通电池中的两个电极之一。

420 **salt bridge** 盐桥

🄔 A piece of filter paper soaked in potassium nitrate solution are used to make electrical contact between the half-cells in an electrochemical cell.

🄚 盐桥是一块浸泡在硝酸钾溶液中的滤纸，用于连接电化电池中的两个半电池，使其通电。

421 **standard conditions** 标准条件

- ☒ Standard conditions are a pressure of 105 pascals (100 kPa) and a temperature of 298 K (25 ℃).
- ☒ 标准条件是指 105 帕斯卡（100 千帕）的压强与 298 开氏度（25 摄氏度）的温度。

422 **standard electrode** /ɪˈlektrəʊd/ **potential** 标准电极电势

- ☒ The standard electrode potential for a half-cell is the voltage measured under standard conditions with a standard hydrogen electrode as the other half-cell.
- ☒ 一个半电池的标准电极电势是指在标准条件下，以标准氢电极作为另一个半电池时测得的电压。

423 **standard hydrogen** /ˈhaɪdrədʒən/ **electrode** 标准氢电极

- ☒ a half-cell in which hydrogen gas at a pressure of 1 atmosphere (101 kPa) bubbles into a solution of 1.00 mol dm^{-3} H+ ions
- ☒ 标准氢电极是一种半电池，将镀有一层海绵状铂黑的铂片浸入到 1 摩尔每立方分米氢离子（H+）的溶液中，再通入压强为 1 个标准大气压（101 千帕）的氢气。

424 **standard cell potential** 标准电势差

- ☒ the difference in standard electrode potential between two half-cells under standard conditions
- ☒ 标准电势差是标准状态下两个半电池之间的标准电极电势之差。

425 **feasibility** /ˌfiːzəˈbɪləti/ **(of reaction)** *n.* 可行性

- ☒ the likelihood or not of a reaction occurring when reactants are mixed
- ☒ 可行性是将反应物混合时发生反应的可能性。

426 **Nernst** /neənst/ **equation** /ɪ'kweɪʒn/ 　　能斯特方程

□
□ 🅔 In electrochemistry, the Nernst equation is an equation that
□　 relates the reduction potential of an electrochemical reaction
　　to the standard electrode potential, temperature, and activities
　　of the chemical species undergoing reduction and oxidation.

🅡 在电化学中，能斯特方程是一种定量表达式，用以描述电化学
　反应的还原电势与各参数之间的联系，这些参数包括标准电极
　电势、温度以及发生氧化还原反应的物质的活性。

427 **primary cell** 　　原电池

□
□ 🅔 In these cells the redox reactions continue until the reactants
□　 reach a low concentration and the voltage of the cell declines.
　　The cell is then no longer of any use.

🅡 原电池是指通过氧化还原反应产生电流的装置。当电池中的反
　应物浓度降低时，电压也会下降。反应物浓度降到一定程度时，
　无法产生电压，电池便作废了。

428 **secondary cell** 　　蓄电池

□
□ 🅔 an electric cell that can be recharged and can therefore be
□　 used to store electrical energy in the form of chemical energy

🅡 蓄电池是一种可以充电的电池，可用于以化学能的形式储存
　电能。

第十节
Transition Elements 过渡元素（需A2 学生掌握）

---

429 transition /trænˈzɪʃn/ **element** 　　　　　过渡元素

- 🄔 A transition element is a d-block element that forms one or more stable ions with an incomplete d subshell.
- 🈯 过渡元素是 d 区元素，可形成一种或多种稳定离子，这些离子的 d 亚层电子是未填满的。

---

430 complex ion 　　　　　络合离子

- 🄔 Complex ion consists of a central metal ion surrounded by ligands.
- 🈯 络合离子由中心金属离子与周围配体以配位键相结合而形成。

---

431 ligand /ˈlɪɡənd/ 　　　　　*n.* 配体

- 🄔 an atom, a molecule or ion with one or more lone pairs of electrons available to donate to a transition metal ion
- 🈯 配体是一种原子、分子或离子，具有一对或多对孤对电子，可与过渡金属离子结合。

---

432 monodentate /mɒnəʊˈdenteɪt/ **ligand** 单齿配体

- 🄔 ligands, such as water and ammonia, that can form only one co-ordinate bond from each ion or molecule to the central transition metal ion
- 🈯 单齿配体是一种配体，能在各离子或分子与中间过渡金属离子之间形成配位键，但只能形成一个。水和氨便是单齿配体。

---

433 bidentate /baɪˈdenˌteɪt/ **ligand** 双齿配体

- 🄔 ligands that can form two co-ordinate bonds from each ion or molecule to the central transition metal ion
- 🈯 双齿配体是能在各离子或分子与中间过渡金属离子之间形成两个配位键的配体。

434 **co-ordination** /kəʊˌɔːdɪˈneɪʃən/ **number** 配位数

🇬🇧 the number of co-ordinate (dative) bonds formed by ligands to the central transition metal ion in a complex

🇨🇳 在配位化合物中，配体与中间过渡金属离子形成的配位键数目称为配位数。

435 **degenerate** /dɪˈdʒenərɪt/ **orbital** /ˈɔːbɪtl/ 简并轨道

🇬🇧 atomic orbitals at the same energy level

🇨🇳 简并轨道是处于相同能级的原子轨道。

436 **non-degenerate** /nɒn dɪˈdʒenərɪt/ **orbitals** /ˈɔːbɪtlz/ 非简并轨道

🇬🇧 atomic orbitals that have been split to occupy slightly different energy levels

🇨🇳 非简并轨道是分裂的原子轨道，占据的能级略有差异。

437 **stability constant, Kstab** 稳定常数

🇬🇧 an equilibrium constant for the formation of a complex in solution

🇨🇳 稳定常数是指在溶液中形成配位化合物的平衡常数。

438 **cis-platin** /sɪsˈplætɪn/ *n.* 顺铂

🇬🇧 a cytotoxic drug that acts by preventing DNA replication and hence cell division, used in the treatment of tumours

🇨🇳 顺铂是一种具有细胞毒性的药物，可以阻止 DNA 复制，从而控制细胞分裂，用于治疗肿瘤。

439 **ligand exchange reaction** 配体交换反应

🇬🇧 A ligand exchange reaction involves the substitution of one or more ligands in a complex ion with one or more different ligands.

🇨🇳 在配体交换反应过程中，用络合离子中一种或多种配体取代一种或多种不同配体。

扫一扫
听本节音频

440 **ionic** /aɪˈɒnɪk/ **product of water, Kw**

水的离子积

☐ **E** the equilibrium constant for the ionisation of water Kw = [H+]
☐ [OH–]
☐ **释** 水的电离平衡常数，通常用 Kw 表示，等于氢离子浓度与氢氧
根离子浓度的乘积。

441 **dissociation** /dɪˌsəʊʃiˈeɪʃn/ *n.* 分解，分离

☐ **E** the break-up of a molecule into ions
☐ **释** 分子分解成离子的过程。
☐

442 **pH** /ˌpiːˈeɪtʃ/ *abbr.* 氢离子浓度指数

☐ **E** the hydrogen ion concentration expressed as a logarithm to
☐ base 10. pH = –log10[H+]
☐ **释** 氢离子浓度指数等于氢离子浓度的常用对数负值。
扩 pH = pondus hydrogenii

443 **diprotic** /daiˈprəʊtɪk/ *adj.* 双质子的

☐ **E** where one mole of an acid produces two moles of hydrogen
☐ ions, e.g. H_2SO_4
☐ **释** 双质子的即一摩尔酸产生两摩尔氢离子，如 H_2SO_4。

444 **acid dissociation** /dɪˌsəʊʃiˈeɪʃn/ **constant, Ka**

酸解常数

☐ **E** Acid dissociation constant is the equilibrium constant for a
☐ weak acid.
☐ **释** 酸解常数是弱酸的平衡常数。

445 pKa

abbr. 酸度系数

- **E** values of Ka expressed as a logarithm to base 10

  pKa = −log10Ka
- **释** 酸度系数等于酸解常数的常用对数负值。

446 acid-base indicator /ˈɪndɪkeɪtə(r)/

酸碱指示剂

- **E** An acid-base indicator is a dye or mixture of dyes that changes colour over a specific pH range.
- **释** 酸碱指示剂是在特定 pH 范围内能够变色的染料或染料混合物。

447 end-point /ˈend pɔɪnt/

n. 滴定终点

- **E** End-point is the point at which a titration is complete, usually marked by a change in colour of an indicator.
- **释** 滴定终点是指完成滴定时的点，通常以指示剂颜色的变化为标志。

448 equivalence /ɪˈkwɪvələns/ point

等当量点

- **E** where the acid and base are in equimolar quantities, exactly enough to react with each other
- **释** 等当量点是酸和碱摩尔量相等，刚好足以相互反应的点。

449 buffer /ˈbʌfə(r)/ solution

缓冲溶液

- **E** A buffer solution is a solution in which the pH does not change significantly when small amounts of acids or alkalis are added.
- **释** 缓冲溶液是指加入少量酸或碱时，pH 不会有明显变化的溶液。

450 common ion effect

同离子效应

- **E** the reduction in the solubility of a dissolved salt by adding a compound that has an ion in common with the dissolved salt; this often results in precipitation of the salt.
- **释** 往某盐溶液中加入含有相同离子的化合物，会降低该盐的溶解度，这种作用称为同离子效应，通常会析出固体盐沉淀。

451 **solubility** /ˌsɒljuˈbɪləti/ **product, Ksp** 溶度积

☐
☐ **❸** Solubility product is the product of the concentrations of each
☐ ion in a saturated solution of a sparingly soluble salt at 298 K,
   raised to the power of their relative concentrations.

❷ 溶度积针对的是 298 开氏度难溶性盐的饱和溶液，等于溶液中
   各离子浓度幂次方的乘积，其中幂为对应离子的相对浓度。

452 **partition** /pɑːˈtɪʃn/ **coefficient** /ˌkəʊɪˈfɪʃnt/

分配系数

☐
☐ **❸** the ratio of the concentrations of a solute in two different
☐ immiscible solvents when an equilibrium has been established

❷ 在溶解平衡状态下，一种溶质在两种互不相溶的溶剂中的浓度
   之比，称为分配系数。

扫一扫
听本节音频

453 **displayed** /dɪˈspleɪd/ **formula** /ˈfɔːmjələ/ 陈列式

Ⓔ a drawing of a molecule that shows all the atoms and bonds within the molecule

㊗ 陈列式是一种分子图，展示出了分子内所有的原子和化学键。

454 **skeletal** /ˈskelətl/ **formula** 键线式，骨架式

Ⓔ Skeletal formula has all the symbols for carbon and hydrogen atoms removed, as well as the carbon to hydrogen bonds. The carbon to carbon bonds are left in place.

㊗ 键线式省略了碳氢键以及所有碳原子和氢原子的符号，仅保留碳碳键。

455 **position isomerism** /aɪˈsɒməˌrɪzəm/
位置同分异构现象

Ⓔ Position isomerism, an example of structural isomerism, occurs when a functional group is in a different positions on the same carbon chain.

㊗ 当官能团在同一碳链上的不同位置时，就会发生位置同分异构现象。

456 **functional group isomerism** 官能团异构

Ⓔ Functional group isomerism occurs when substances have the same molecular formula but different functional groups.

㊗ 官能团异构是指分子式相同但官能团不同的现象。

457 **chain isomerism**　　　　　　　　　　链异构

- **E** Chain isomers differ in the structure of their carbon 'skeleton'.
- **释** 链异构体的碳 "骨架" 结构不同。

458 **stereoisomerism** /ˌsterɪəʊaɪˈsɒməˌrɪzəm/
n. 立体异构现象

- **E** Molecules with the same molecular formula and same structural formula, but different arrangements of atoms in space.
- **释** 立体异构现象是指具有相同分子式和结构式，但原子在空间中的排列不同的分子。

459 **geometric** /ˌdʒɪəˈmetrɪk/ **isomers** /ˈaɪsəmə(r)z/
几何异构体

- **E** Molecules with the same molecular formula and same structural formula, but different arrangement of atoms in space due to C=C double bond.
- **释** 几何异构体具有相同的分子式和结构式，但由于 C=C 双键的影响，原子在空间的排列方式不同。

460 **optical** /ˈɒptɪkl/ **isomers**　　　　　光学异构体

- **E** stereoisomers that exist as two non-superimposable mirror images
- **释** 光学异构体是一种立体异构体，互为不可重叠的镜像。

461 **enantiomers** /enˈæntɪəməz/　　　　*n.* 对映异构体

- **E** The word 'enantiomers' is also used to describe mirror-image molecules that are optical isomers. The word 'enantiomer' comes from a Greek word meaning 'opposite'.
- **释** 对映异构体与镜像分子，即光学异构体同义，"enantiomer" 一词来源于希腊语，意思是 "相反的"。

462 racemate /ˈræsɪˌmeɪt/   n. 外消旋体

- **E** equal amounts of both optical isomers
- **释** 外消旋体是两种光学异构体的等量混合物。

463 chiral /ˈkaɪrəl/ centre   手性中心

- **E** a carbon atom with four different groups attached, creating the possibility of optical isomers
- **释** 手性中心是指带有四个不同基团的碳原子，可能产生光学异构体。

464 free radical /ˈrædɪkl/   自由基

- **E** very reactive atom or molecule that has a single unpaired electron
- **释** 自由基是一种非常活泼的原子或分子，含有一个未配对电子。

465 homolytic /hɒˈmɒlɪtɪk/ fission /ˈfɪʃn/   均裂

- **E** even breaking of a covalent bond
- **释** 均裂是共价键的均匀分裂。

466 heterolytic /ˌhetəˈrɒlɪtɪk/ fission   异裂

- **E** uneven breaking of a covalent bond
- **释** 异裂是共价键的不均匀分裂。

467 carbocation /ˌkɑːbəˈkeɪʃən/   n. 碳正离子

- **E** an alkyl group carrying a single positive charge on one of its carbon atoms
- **释** 如果烷基中某个碳原子带上了正电荷，则称该基团为碳正离子。

468 positive inductive /ɪnˈdʌktɪv/ effect   正诱导效应

- **E** Positive inductive effect is the electron-donating nature of alkyl groups.
- **释** 烷基具有提供电子的性质，这种性质所产生的作用称为正诱导效应。

469 **electrophile** /ɪˌlektrəfaɪl/   *n.* 亲电试剂，亲电体

- **B** An electrophile is an acceptor of a pair of electrons.
- **释** 亲电试剂是在化学反应中具有亲电性的化学试剂，是一种电子对受体。

470 **nucleophile** /'njuːklɪəfaɪl/   *n.* 亲核试剂

- **B** A nucleophile is a donator of a pair of electrons.
- **释** 亲核试剂是一种电子对供体。

471 enhanced global warming　全球变暖加剧

E the increase in average temperatures around the world as a consequence of the huge increase in the amounts of CO_2 and other greenhouse gases produced by human activity

释 全球变暖加剧是指由于人类活动产生的二氧化碳和其他温室气体数量的大幅增加，世界各地平均气温上升。

472 free-radical /fri 'rædɪkəl/ substitution

/ˌsʌbstɪ'tjuːʃn/　　自由基取代

E the reaction in which halogen atoms substitute for hydrogen atoms in alkanes; the mechanism involves steps in which reactive free radicals are produced (initiation), regenerated (propagation) and consumed (termination).

释 自由基取代是烷烃中卤素原子取代氢原子的反应，涉及活性自由基的产生（引发）、再生（传播）和消耗（终止）。

473 initiation /ɪˌnɪʃi'eɪʃn/ reaction　　链引发

E the first step in the mechanism of free radical substitution of alkanes by halogens; it involves the breaking of the halogen-halogen bond by UV light from the Sun.

释 链引发是卤素取代烷烃自由基的第一步，涉及太阳紫外线对卤素–卤素键的破坏。

474 propagation /ˌprɒpə'geɪʃn/ step　　链增长

E a step in a free-radical mechanism in which the radicals formed can then attack reactant molecules generating more free-radicals, and so on

释 链增长是连锁聚合反应步骤之一，形成的自由基可以与反应物分子结合，生成更多的自由基，以此类推。

475 **chain** /tʃeɪn/ **reaction**　　　　链式反应

- ⓔ A chain reaction is a series of chemical changes, each of which causes the next.
- 释 链式反应是一系列化学变化，每一个变化都会触发下一个变化的发生。

476 **termination** /ˌtɜːmɪˈneɪʃn/ **step**　　　链终止

- ⓔ the final step in a free-radical mechanism in which two free radicals react together to form a molecule
- 释 两个自由基一起反应生成某种分子的过程即自由基反应机制，该机制的最后一步称为链终止。

477 **zeolite** /ˈziːəˌlaɪt/ **catalyst** /ˈkætəlɪst/　沸石催化剂

- ⓔ Zeolite catalysts are widely used as catalysts in the petrochemical industry, for instance in fluid catalytic cracking and hydrocracking.
- 释 沸石催化剂广泛应用于石油化工领域，如液体催化裂化和加氢裂化。

478 **asymmetrical** /ˌeɪsɪˈmetrɪkəl/ **alkene** /ˈælkiː/
不对称烯烃

- ⓔ An unsymmetrical alkene is an alkene in whose molecule the pair of ligands on one doubly bonded carbon is different from that on the other.
- 释 不对称烯烃是一种烯烃，分子中一个双键碳上的配体对与另一个碳上的配体对不同。

479 **Markovnikov's** /mɑːˈkəʊvnɪkɒvz/ **rule**　马氏规则

- ⓔ The rule states that with the addition of H-X to an alkene, the acid hydrogen (H) becomes attached to the carbon with the greatest number of hydrogens, and the halide (X) group becomes attached to the carbon with the fewest hydrogens.
- 释 根据马氏规则，当卤化氢（H-X）和烯烃反应时，氢（H）连在氢原子最多的碳上，卤化物（X）基团连在氢原子最少的碳上。

☐ **E** any of a class of alcohols that have two hydroxyl groups in
☐   each molecule
☐ **释** 二醇是分子中有两个羟基的醇。

扫一扫
听本节音频

481 nucleophilic /ˌnjuːklɪəʊˈfɪlɪk/ **substitution**

/ˌsʌbstɪˈtjuːʃn/

亲核取代

㉺ Nucleophilic substitution is a fundamental class of reactions in which an electron rich nucleophile bonds with the positive or partially positive charge of an atom to replace a leaving group.

㊗ 亲核取代是指富含电子的亲核试剂与原子的正电荷或部分正电荷键合以取代离去基团的一类基本反应。

482 reflux /ˈriːflʌks/

回流

㉺ to boil or be boiled in a vessel attached to a condenser, so that the vapour condenses and flows back into the vessel

㊗ 回流是在与冷凝器相连的反应容器中将液体煮沸，生成的蒸气通过冷凝管冷凝之后流回反应容器中。

483 cyanide /ˈsaɪənaɪd/

n. 氰化物

㉺ any of a class of organic compounds containing the cyano radical -CN

㊗ 氰化物是一类含有氰基 -CN 的有机化合物。

484 SN1 mechanism /ˈmekənɪzəm/

SN1 机理

㉺ the steps in a nucleophilic substitution reaction in which the rate of the reaction involves only the organic reactant

㊗ SN1 机理是指在亲核取代反应中的某些步骤中，影响反应速率的只有有机反应物一种。

485 SN2 mechanism

SN2 机理

- **E** the steps in a nucleophilic substitution reaction in which the rate of the reaction involves two reacting species
- **释** SN2 机理是指在亲核取代反应中的某些步骤中，有两种反应物影响反应速率。

486 CFCs

氯氟烃

- **E** Chlorofluorocarbons, also known as CFCs, consist of chemical compounds made up of chlorine, fluorine and carbon.
- **释** 氯氟烃是一种人造的含有氯、氟元素的碳氢化学物质。

487 aerosol /'eərəsɒl/ propellant /prə'pelənt/

气溶胶喷射剂

- **E** Compressed gases or vapours in a container which, upon release of pressure and expansion through a valve, carry another substance from the container.
- **释** 气溶胶喷射剂是容器中的压缩气体或蒸气通过阀门释放压力时，气体膨胀，从容器中携走另一种物质。

488 refrigerant /rɪ'frɪdʒərənt/

n. 制冷剂

- **E** a substance used to provide cooling
- **释** 制冷剂是一种用于冷却的物质。

489 HFEs

氢氟醚

- **E** hydrofluoroethers, which are solvents marketed as 'low global warming' and are used in industry for cleaning and drying
- **释** 氢氟醚被市场称为一种具有 "低全球变暖潜能值" 的溶剂，在工业上用于清洁和干燥。

Alcohols, Ester and Carboxylic Acid
醇、酯与羧酸

扫一扫
听本节音频

---

490 biofuel /'baɪəʊfjuːəl/　　　　　　　　　　　*n.* 生物燃料

- ☒ Biofuels are renewable fuels, sourced from plant or animal materials.
- ☒ 生物燃料是可再生燃料，来源于植物或动物。

---

491 primary alcohol　　　　　　　　　　　伯醇，一级醇

- ☒ an alcohol in which the carbon atom bonded to the -OH group is attached to one other carbon atom (or alkyl group)
- ☒ 伯醇是与羟基结合的碳原子与另外一个碳原子（或烷基）相连。

---

492 secondary alcohol　　　　　　　　　　　仲醇，二级醇

- ☒ an alcohol in which the carbon atom bonded to the -OH group is attached to two other carbon atoms (or alkyl groups)
- ☒ 仲醇是与羟基结合的碳原子与另外两个碳原子（或烷基）相连。

---

493 tertiary /'tɜːʃəri/ **alcohol**　　　　　　　　　叔醇；三级醇

- ☒ an alcohol in which the carbon atom bonded to the -OH group is attached to three other carbon atoms (or alkyl groups)
- ☒ 叔醇是与羟基结合的碳原子与另外三个碳原子（或烷基）相连。

---

494 esterification /eˌsterɪfɪ'keɪʃən/　　　　　　　*n.* 酯化反应

- ☒ the reaction between an alcohol and a carboxylic acid (or acyl chloride) to produce an ester and water
- ☒ 酯化反应是醇与羧酸（或酰氯）之间发生的反应，生成酯和水。

---

495 **dehydration** /ˌdiːhaɪˈdreɪʃn/   *n.* 脱水反应

- ☐
- ☐
- ☐

🄴 A dehydration reaction is usually defined as a chemical reaction that involves the loss of water from the reacting molecule. Dehydration reactions are a subset of elimination reactions.

🈯 脱水反应通常指涉及反应分子失水过程的化学反应。脱水反应是消除反应的一种类型。

★ A2（以下单词需 A2 学生掌握）

496 **acyl** /ˈeɪsaɪl/ **chloride** /ˈklɔːraɪd/   酰氯

- ☐
- ☐
- ☐

🄴 a reactive organic compound related to a carboxylic acid, with the -OH group in the acid replaced by a -Cl atom

🈯 酰氯是一种与羧酸有关的活性有机化合物，酸中的羟基被氯原子取代。

497 **aldehyde** /'ældɪ,haɪd/　　　　　　　　　　*n.* 醛

- **E** any organic compound containing the group -CHO
- **释** 醛是含有醛基（-CHO）的有机化合物。

498 **ketone** /'ki:təʊn/　　　　　　　　　　　*n.* 酮

- **E** any of a class of compounds with the general formula R'COR, where R and R' are alkyl or aryl groups
- **释** 酮是通式为 R'COR 的化合物，其中 R 和 R' 是指烷基或芳基。

499 **nucleophilic** /,nju:klɪəʊ'fɪlɪk/ **addition**　亲核加成

- **E** the mechanism of the reaction in which a nucleophile attacks the carbon atom in a carbonyl group and adds across the C=O bond
- **释** 亲核加成是亲核试剂进攻羰基中的碳原子并打开 C=O 键进行加成的反应机制。

500 **hydroxynitrile** / haɪ,drɒksɪ'naɪtraɪl/　　*n.* 羟基腈

- **E** an organic compound containing both an -OH and a -CN group
- **释** 羟基腈是一种既含有羟基（-OH）又含有氰基（-CN）的有机化合物。

501 **2,4-dinitrophenylhydrazine**

/daɪ,naɪtrɒn,fi:naɪl'haɪdrəzi:n/　　　　2，4-二硝基苯肼

- **E** 2,4-dinitrophenylhydrazine （DNPH, Brady's reagent, Borche's reagent） is the chemical compound $C_6H_3(NO_2)_2NHNH_2$.
- **释** 2，4-二硝基苯肼简称 DNPH，又称布雷迪试剂或者博尔奇试剂，分子式为 $C_6H_3(NO_2)_2NHNH_2$。

502 **Fehling's** /ˈfeɪlɪŋz/ **solution** 斐林试剂

- 🇪 an alkaline solution containing copper(II) ions used to distinguish between aldehydes and ketones
- 🇨 斐林试剂是一种含有铜（II）离子的碱性溶液，用于区分醛和酮。

503 **Tollens'** /ˈtɒlənz/ **reagent** /riˈeɪdʒənt/ 托伦斯试剂

- 🇪 an aqueous solution of silver nitrate in excess ammonia solution, sometimes called ammoniacal silver nitrate solution, it is used to distinguish between aldehydes and ketones.
- 🇨 托伦斯试剂是硝酸银与过量氨溶液中反应生成的水溶液，有时也称为氨性硝酸银溶液，用于区分醛和酮。

504 **tri-iodomethane** /ˌtraɪaɪˌəʊdəʊˈmiːθeɪn/

n. 三碘甲烷；碘仿

- 🇪 A yellow crystalline insoluble volatile solid with a penetrating sweet odour made by heating alcohol with iodine and an alkali: used as an antiseptic. Formula: CHI_3.
- 🇨 三碘甲烷是一种由酒精、碘和碱加热制成的挥发性黄色晶体，难溶于水，有刺激性甜味，用作防腐剂。分子式：CHI_3。

扫一扫
听本节音频

---

505 arene /'æriːn/   *n.* 芵烃

- 🇪 hydrocarbons containing one or more benzene rings
- 🈯 芳烃是含有一个或多个苯环的碳氢化合物。

---

506 aromatic /ˌærə'mætɪk/ **compound** 芳香族化合物

- 🇪 In general, compounds of benzene are known as aryl compounds or aromatic compounds.
- 🈯 通常情况下，苯的化合物称为芳基化合物或芳香族化合物。

---

507 electrophilic /ɪˌlektrəʊ'fɪlɪk/ **substitution**
/ˌsʌbstɪ'tjuːʃən/   亲电取代

- 🇪 Electrophilic substitution reactions are chemical reactions in which an electrophile displaces a functional group in a compound, which is typically, but not always, a hydrogen atom.
- 🈯 在亲电取代反应中，亲电试剂会取代化合物中的官能团，该官能团通常为氢原子，也有可能是其他物质。

---

508 Friedel-Crafts /friːdl krɑːfts/ **reaction**
弗瑞德－克来福特反应

- 🇪 the electrophilic substitution of an alkyl or acyl group into a benzene ring
- 🈯 弗瑞德－克来福特反应是烷基或酰基对苯环的亲电取代反应。

---

509 phenol /'fiːnɒl/   苯酚

- 🇪 Phenol, C_6H_5OH, is a crystalline solid that melts at 43℃ .
- 🈯 苯酚是一种晶体，分子式为 C_6H_5OH，熔点为 43 摄氏度。

扫一扫
听本节音频

510 **primary amine** /əˈmiːn/ 伯胺

- **E** Primary amines have an NH$_2$ group bonded to an alkyl or aryl group, e.g. ethylamine, C$_2$H$_5$NH$_2$.
- **释** 伯胺含有与一个烷基或芳基相连的氨基（NH$_2$），例如乙胺（C$_2$H$_5$NH$_2$）。

511 **secondary amine** 仲胺；二级胺

- **E** Secondary amines have two alkyl or aryl groups attached to an NH group, e.g. dimethylamine, (CH$_3$)$_2$NH.
- **释** 仲胺含有与两个烷基或芳基相连的亚氨基（NH），如二甲胺(CH$_3$)$_2$NH。

512 **tertiary** /ˈtɜːʃəri/ **amine** 叔胺；三级胺

- **E** Tertiary amines have three alkyl or aryl groups attached to the same nitrogen atom, e.g. trimethylamine, (CH$_3$)$_3$N.
- **释** 叔胺含有与三个烷基或芳基相连的氮原子，如三甲胺，(CH$_3$)$_3$N。

513 **azo** /ˈeɪzəʊ/ **dye** /daɪ/ 偶氮染料

- **E** coloured compounds formed on the addition of phenol (or another aryl compound) to a solution containing a diazonium ion
- **释** 偶氮染料是在含有重氮离子的溶液中加入苯酚（或另一种芳基化合物）而形成的有色化合物。

514 **coupling reaction**　　　　　　偶联反应，偶合反应

- **E** when a diazonium ion reacts with an alkaline solution of phenol (or similar compound) to make an azo dye
- **释** 偶联反应是指重氮离子与苯酚（或类似化合物）的碱性溶液反应生成偶氮染料。

515 **zwitterion** /'tsvɪtəraɪən/　　　　　　*n.* 两性离子

- **E** an ion that carries both a positive and a negative charge
- **释** 两性离子是既带正电荷又带负电荷的离子。

516 **peptide** /'peptaɪd/ **bond**　　　　　　肽键

- **E** the link between the amino acid residues in a polypeptide or protein chain; the link is formed by a condensation reaction between the -NH2 group of one amino acid and the -COOH group of another amino acid.
- **释** 肽键是多肽或蛋白质链中氨基酸残基之间的化学键，由一种氨基酸的氨基（-NH2）和另一种氨基酸的羧基（-COOH）之间脱水缩合形成。

517 **dipeptide** /daɪ'peptaɪd/　　　　　　*n.* 二肽

- **E** the product formed when two amino acids react together
- **释** 二肽是两个氨基酸反应时生成的产物。

518 **polypeptide** /ˌpɒlɪ'peptaɪd/　　　　　　*n.* 多肽

- **E** natural polymers whose monomers are bonded to each other via the amide link, -CONH-, and whose monomers are amino acids
- **释** 多肽是一种天然聚合物，单体氨基酸通过生成酰胺键（-CONH-）结合在一起。

519 **electrophoresis** /ɪˌlektrəʊfə'riːsɪs/　　　　　　*n.* 电泳

- **E** Electrophoresis is used extensively in biochemical analysis. It can be used to separate, identify and purify proteins.
- **释** 电泳在生化分析中应用广泛，可用于蛋白质的分离、鉴定和提纯。

520 **electropherogram** /eˌlektrəˈfɒrɒgræm/

n. 电泳图（谱）

- **E** the physical results of electrophoresis
- **释** 电泳图是电泳的物理结果。

扫一扫
听本节音频

521 Kevlar /ˈkevlɑː/　　　*n.* 芳纶纤维；凯夫拉尔（一种芳纶纤维材料产品的品牌名）

□
□ 🄴 a synthetic fibre, consisting of long-chain polyamides, having
□ high tensile strength and temperate resistance
　🄡 芳纶纤维是一种合成纤维，由长链聚酰胺组成，具有高抗拉强度和耐温性。

522 protein /ˈprəʊtiːn/　　　　　　　　　　　*n.* 蛋白质

□
□ 🄴 condensation polymer formed from amino acids and joined
□ together by peptide bonds
　🄡 蛋白质是由氨基酸形成的缩合聚合物，通过肽键连接在一起。

523 DNA (deoxyribonucleic /ˌdiːˌɒksɪˌraɪbəʊnjuːˈkleɪɪk/
acid)
　　　　　　　　　　　　　　　　abbr. 脱氧核糖核酸

□
□ 🄴 a polymer with a double helical structure containing two sugar-
□ phosphate chains with nitrogenous bases attached to them
　🄡 脱氧核糖核酸是一种具有双螺旋结构的聚合物，带有两类含氮碱基的糖磷酸链。

524 protein primary structure　　　蛋白质一级结构

□
□ 🄴 the sequence of amino acids in a polypeptide chain
□ 🄡 蛋白质一级结构是多肽链中的氨基酸排列顺序。

525 **protein secondary structure** 蛋白质二级结构

▣ Two main types of secondary structure, the α-helix and the β-strand or β-sheets. These secondary structures are defined by patterns of hydrogen bonds between the main-chain peptide groups.

釋 蛋白质二级结构依靠不同氨基酸之间的 C=O 和 N-H 基团间的氢键形成的稳定结构，主要为 α 螺旋和 β 折叠。

526 **α-helix** /ˌælfəˈhiːlɪks/   α 螺旋

▣ In the α-helix the backbone twists round in a spiral so that a rod-like structure is formed; all the -NH and -CO groups of each peptide bond are involved in hydrogen bond formation.

釋 在 α 螺旋中，多肽主链绕中心呈螺旋状上升，形成杆状结构。每个肽键的所有 -NH 和 -CO 基团都参与氢键的形成。

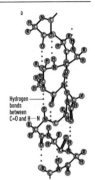

Hydrogen bonds between C=O and H — N

527 **β-pleated** /ˌbiːtəˈpliːtɪd/ **sheet**   β 折叠

▣ In a β-pleated sheet, hydrogen bonds are formed between -NH and -CO groups in different polypeptide chains or different areas of the same polypeptide chain.

釋 在 β 折叠过程中，不同多肽链或同一多肽链不同区域中的 -NH 和 -CO 基团之间形成氢键。

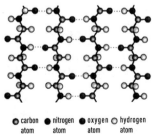

● carbon atom   ● nitrogen atom   ● oxygen atom   ○ hydrogen atom

528 **protein tertiary** /'tɜːʃəri/ **structure**

蛋白质三级结构

- 🇪 Protein tertiary structure refers to the three-dimensional structure of protein molecules. The α-helixes and β-pleated-sheets are folded into a compact globular structure.
- 🈺 蛋白质三级结构是通过多个二级结构元素在三维空间的排列所形成的一个蛋白质分子的三维结构。

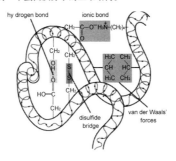

529 **disulfide** /daɪ'sʌlfaɪd/ **bridge**

二硫键

- 🇪 an S-S bond formed when the -SH groups on the side-chain of two cysteine residues in a protein combine
- 🈺 二硫键是蛋白质中两个半胱氨酸残基侧链上的巯基（-SH）结合时形成的 S-S 键。

530 **gene** /dʒiːn/

n. 基因

- 🇪 a length of DNA that carries a code for making a particular protein
- 🈺 基因是某蛋白质的形成进行编码的一段 DNA 序列。

531 **genetic** /dʒə'netɪk/ **code**

遗传密码；基因序列

- 🇪 a code made up of sets of three consecutive nitrogenous bases that provides the information to make specific proteins
- 🈺 遗传密码是由三组连续的含氮碱基组成的代码，为某蛋白质的形成提供信息。

532 **genetic engineering** /dʒɪˈnɪərɪŋ/   遗传工程

☐
☐
☐
E the deliberate alteration of one or more bases in the DNA of an organism, leading to an altered protein with improved properties

释 遗传工程是人为改变生物体 DNA 中一个或多个碱基，使得改变后的蛋白质具有更好的性质。

533 **genetic fingerprinting**   基因指纹鉴别法

☐
☐
☐
E a technique based on matching the mini-satellite regions of a person's DNA to a database of reference samples

释 基因指纹鉴别法是一种鉴别技术，将人体 DNA 的小卫星序列与参考样本数据库进行匹配。

534 **LDPE**   *abbr.* 低密度聚乙烯

☐
☐
☐
E low density poly(ethene), waxy, tasteless, odourless and non-toxic particles

释 低密度聚乙烯，又称高压聚乙烯，乳白色蜡状颗粒，无味、无臭、无毒。

535 **HDPE**   *abbr.* 高密度聚乙烯

☐
☐
☐
E high density poly(ethene), white power and particles that are non-toxic, odourless and resistant

释 高密度聚乙烯是白色粉末或颗粒状物质，无毒，无味，耐磨。

扫一扫
听本节音频

第二十节
Analytical Chemistry 分析化学（需 A2 学生掌握）

536 **thin-layer chromatography** /ˌkrəʊməˈtɒɡrəfi/
薄层色谱法

ⓔ Thin-layer chromatography (TLC) is a chromatography technique used to separate mixtures. Thin-layer chromatography is performed on a sheet of glass, plastic, or aluminium foil, which is coated with a thin layer of adsorbent material.

ⓒ 薄层色谱法（缩写 TLC）是一种用于分离混合物的色谱法技术。薄层色谱法在覆盖有很薄一层吸附剂的玻璃板、塑料片或铝箔上进行。

537 **retardation** /ˌriːtɑːˈdeɪʃn/ **factor**
保留因子

ⓔ The ratio of the distance a component has travelled compared with the distance travelled by the solvent front during paper chromatography or TLC.

ⓒ 保留因子是在纸层析或薄层色谱过程中，组分行进距离与溶剂前沿行进距离之比（即原点至组分斑点的距离与原点至溶剂前沿的距离之比）。

ⓘ Rf value

538 **two-way chromatography**
双向层析法

ⓔ In this technique, paper chromatography is carried out as normal but then the chromatogram produced is rotated by 90° and re-run in a different solvent.

ⓒ 在双向层析法中，先进行正常的纸层析，然后将产生的色谱图旋转 90°，在不同的溶剂中重新进行第二次层析。

539　**gas chromatography** /ˌkrəʊməˈtɒɡrəfɪ/

气相色谱法

- 🅔 Gas chromatography (GC) is a common type of chromatography used in analytical chemistry for separating and analyzing compounds that can be vaporized without decomposition.
- 🈶 气相色谱法是一种在有机化学中对易于挥发而不发生分解的混合物进行分离与分析的层析技术。

540　**GLC/MS**　　　　　*abbr.* 气液色谱法 / 质谱联用仪

- 🅔 a technique in which a mass spectrometer is connected directly to a gas-liquid chromatograph to identify the components in a mixture
- 🈶 气液色谱法是将质谱仪直接连接到气液色谱仪以识别混合物中各组分的一种技术。
- 🈶 GLC=gas-liquid chromatography
  MS=mass spectromete

541　**high-performance liquid chromatography**

高效液相色谱法

- 🅔 High-performance liquid chromatography (HPLC) is a technique in analytical chemistry used to separate, identify, and quantify each component in a mixture.
- 🈶 高效液相色谱法（缩写 HPLC）是一种色谱分析技术，用来分离混合物，以确认并量化各个成分的比例。

542　**retention** /rɪˈtenʃn/ **time**

保留时间

- 🅔 the time taken for a component in a mixture to travel through the column in GLC or HPLC
- 🈶 保留时间是混合物中某成分在气液色谱法或高效液相色谱法中通过色谱柱所需的时间。

543 **mobile** /ˈməʊbaɪl/ **phase** /feɪz/   流动相

☐
☐   **英** the solvent in the chromatography process, which moves
☐   through the column or over the paper or thin layer
    释 流动相是色谱过程中用到的溶剂，穿过色谱柱或者在纸或薄层
        上移动。

544 **stationary** /ˈsteɪʃənri/ **phase**   固定相

☐
☐   **英** the immobile phase in chromatography that the mobile phase
☐   passes over or through
    释 固定相是指色谱中起分离作用但不会移动的相，流动相会经过
        或穿过其中。

545 **infra-red** /ˌɪnfrəˈred/ **spectroscopy**
/spekˈtrɒskəpɪ/   红外光谱学

☐
☐   **英** a technique for identifying compounds based on the change
☐   in vibrations of particular atoms when infra-red radiation of
        specific frequencies is absorbed
    释 红外光谱学是指根据不同原子在吸收特定频率的红外线辐射时
        产生的振动变化，对物质进行识别。

546 **resonance** /ˈrezənəns/ **frequency**   共振频率

☐
☐   **英** The bonds can vibrate by stretching, bending and twisting.
☐   They have a natural frequency at which they vibrate. If we
        irradiate the molecules with energy that corresponds to
        this frequency, it stimulates larger vibrations and energy is
        absorbed.
    释 共振频率是指化学键可通过拉伸、弯曲和扭曲产生振动，具有
        固有的振动频率。如果我们用与这个频率对应能量的放射线对
        分子进行照射，会激发更大的振动并吸收能量。

547 nuclear magnetic /mægˈnetɪk/ resonance spectroscopy 核磁共振波谱法

- ⓔ Nuclear magnetic resonance spectroscopy, most commonly known as NMR spectroscopy, is a spectroscopic technique to observe local magnetic fields around atomic nuclei.
- ㉊ 核磁共振波谱法（缩写 NMR），又称核磁共振波谱，是将核磁共振现象应用于测定分子结构的一种谱学技术。

548 tetramethylsilane /ˌtetrəˌmeθɪlˈsaɪlən/

n. 四甲基硅烷

- ⓔ an inert, volatile liquid used as a reference in NMR, given a chemical shift of zero; its formula is $Si(CH_3)_4$.
- ㉊ 四甲基硅烷是一种易挥发的惰性液体，在核磁共振中用作参照物，其化学位移被定为零。分子式为 $Si(CH_3)_4$。

549 X-ray crystallography /ˌkrɪstəˈlɒgrəfi/

X 光结晶学

- ⓔ an analytical technique that uses the diffraction pattern of X-rays passed through a solid sample to elucidate its structure
- ㉊ X 光结晶学是一种确定分子立体结构的分析方法，利用穿过固体样品的 X 射线的绕射图进行分析。

550 heavy water

重水

- ⓔ Heavy water, also known as deuterium oxide(D_2O), is a form of water that contains hydrogen isotope deuterium (2H or D, also known as heavy hydrogen).
- ㉊ 重水（也称为 deuterium oxide）是由氘和氧组成的化合物，分子式为 D_2O。

Organic Synthesis 有机合成（需 A2 学生掌握）

扫一扫
听本节音频

551 **molecular modelling** /ˈmɒdəlɪŋ/ 分子模型技术

🄴 Molecular modelling encompasses all methods, theoretical and computational, used to model or mimic the behaviour of molecules. The methods are used in the fields of computational chemistry, drug design, computational biology and materials science to study molecular systems ranging from small chemical systems to large biological molecules and material assemblies.

🄲 分子模型技术，或称分子模拟，是指利用理论方法与计算技术，模拟出化学分子的外观或性质，这种方法用在计算化学、药物研究、计算生物学和材料学的分子系统领域，涵盖了从小的化学系统到大的生物分子以及材料组件。

552 **optical** /ˈɒptɪkl/ **resolution** /ˌrezəˈluːʃn/ 手性拆分

🄱 the separation of optically active isomers (enantiomers) from a mixture.

🄲 手性拆分是从混合物中分离具有光学活性的异构体（对映体）。

553 **chiral** /ˈkaɪrəl/ **auxiliary** /ɔːɡˈzɪliəri/ 手性助剂

🄱 A chiral auxiliary is a stereogenic group or unit that is temporarily incorporated into an organic compound in order to control the stereochemical outcome of the synthesis.

🄲 手性助剂是一种为了控制立体化学的合成结果而暂时加入到有机合成反应中的化合物或单元。

E When research chemists want to make a new compound, they usually work backwards from the desired compound to create a series of reactions, starting with a compound extracted from a commonly available raw material.

释 合成路线是指如果化学研究员想制作一种新的化合物，他们通常从所需的目标化合物出发，反向研究。在此过程会涉及一系列的反应，经过一步步推导，最终得出起始反应物，通常为一种常见化合物，能够从可获取的原材料中提取出来。

A

F

G

M

N

non-biodegradable 非生物降解的；不能生物降解的 180
non-degenerate orbitals 非简并轨道 218
non-polar bond 非极性键 194
non-renewable （自然资源的）非再生的；非延续性的 171
nuclear charge 核电荷 188
nuclear fuel 核燃料，原子核燃料 147
nuclear magnetic resonance spectroscopy 核磁共振波谱法 246
nucleon/mass number 核子数（质量数） 131
nucleon 核子 131
nucleophile 亲核试剂 225
nucleophilic addition 亲核加成 233
nucleophilic substitution 亲核取代 229
nucleus 原子核 130
nylon 尼龙 179

O

optical isomers 光学异构体 223
optical resolution 手性拆分 247
order of reaction 反应级数 208
ore 矿；矿石 162
overall order 反应总级数 208
oxidation state 化合价 143
oxidation 氧化反应 142
oxide 氧化物 156
oxidising agent 氧化剂 143

P

paper chromatography 纸色层分析法 129
paraffin 石蜡；链烷烃；硬石蜡 172
partial pressure 分压 206
partition coefficient 分配系数 221
Pauli's exclusion principle 泡利不相容原理 190
peptide bond 肽键 237
percentage composition 组成百分比 139
period 周期 131
periodic table 元素周期表 131
periodicity 周期性 158
permanent dipole-dipole interaction 取向力，偶极 - 偶极作用力 193
petroleum 石油 170

T

化学常用仪器单词表

仪器	名称	仪器	名称
	beaker /ˈbiːkə(r)/ n. 烧杯		**test tube** /ˈtest tjuːb/ 试管
	conical flask /ˈkɒnɪkl flɑːsk/ 锥形烧瓶		**measuring cylinder** /ˈmeʒərɪŋ ˈsɪlɪndə(r)/ 量筒
	pipette /pɪˈpet/ n. 吸管，移液管		**burette** /bjuˈret/ n. 滴定管
	gas-jar /gæs dʒɑː(r)/ n. 集气瓶		**gas-syringe** /gæs sɪˈrɪndʒ/ n. 气体注射器，气筒
	condenser /kənˈdensə(r)/ n. 冷凝器		**filter funnel** /ˈfɪltə(r) ˈfʌnl/ 过滤漏斗
	water trough /trɒf/ 饮水槽		**tripod** /ˈtraɪpɒd/ n. 三脚架
	stirrer /ˈstɜːrə(r)/ n. 搅拌器		**electrode** /ɪˈlektrəʊd/ n. 电极
	tong /tɒŋ/ n. 钳子		